# 广东省海岸带蓝碳蓝皮书

黄华梅　严金辉　杨　帆　彭　勃　等　著

海洋出版社

2024 年 · 北京

**图书在版编目（CIP）数据**

广东省海岸带蓝碳蓝皮书 / 黄华梅等著 . -- 北京：

海洋出版社 , 2024. 9. -- ISBN 978-7-5210-1304-7

Ⅰ . P7

中国国家版本馆 CIP 数据核字第 2024ZL1713 号

审图号：GS 京（2024）1723 号

责任编辑：王　溪

责任印制：安　森

海洋出版社　出版发行

http：//www.oceanpress.com.cn

北京市海淀区大慧寺路 8 号　邮编：100081

鸿博昊天科技有限公司印刷　新华书店经销

2024 年 9 月第 1 版　2024 年 9 月第 1 次印刷

开本：787mm×1092mm　1/16　印张：6.75

字数：150 千字　定价：80.00 元

发行部：010–62100090　总编室：010–62100034

海洋版图书印、装错误可随时退换

# 《广东省海岸带蓝碳蓝皮书》
# 作者名单

**主要作者：**

黄华梅　严金辉　杨　帆　彭　勃

**参写作者：**

谢素美　陈绵润　董　迪　李　亢　黄铀佳　闵婷婷

孙庆杨　胡　平　陈丹婷　潘静云　王　琰　陈　浩

罗伍丽　陈翔宇　刘雅莹　钟卓君　晏　然　高　晴

# 目 录

# 1 前言

全球气候变化是当今人类面临的重大挑战，人为活动释放的 $CO_2$ 是导致全球变暖和气候变化加剧的主要原因。联合国政府间气候变化专门委员会（IPCC）2013 年发布的第五次气候变化评估报告第一工作组报告《气候变化 2013：自然科学基础》指出，自工业化以来，大气 $CO_2$ 浓度从 162.9 $mg/m^3$ 增加到现在的 203.6 $mg/m^3$ 左右，其带来的海平面上升、生物多样性减少、自然灾害加剧及对人类健康的影响逐渐显现。

联合国呼吁全世界采取积极措施应对全球气候变化。联合国环境规划署（UNEP）和世界气象组织（WMO）于 1988 年成立了政府间气候变化专门委员会。1992 年 6 月，全世界 150 多个国家在巴西里约热内卢举行的联合国环境与发展大会上签署了《联合国气候变化框架公约》（UNFCCC），其最终目标是减少温室气体排放、减少人为活动对气候系统的危害、减缓气候变化、增强生态系统对气候变化的适应性，确保粮食生产和经济可持续发展。应对全球气候变化，减少温室气体排放已成为全世界的共识和行动。

通过提升生态系统的碳汇是实现双碳目标的重要途径之一，是应对气候变化中"基于自然解决方案"的重要内容。中共中央 国务院 2015 年 9 月印发的《生态文明体制改革总体方案》明确提出要"建立增加森林、草原、湿地、海洋碳汇的有效机制，加强应对气候变化国际合作"。2016 年 10 月，国务院印发《"十三五"控制温室气体排放工作方案》，全面提出"增加生态系统碳汇"的有效增汇路径，要求"探索开展海洋等生态系统碳汇试点"。2017 年 8 月，中央全面深化改革领导小组第三十八次会议审议通过的《关于完善主体功能区战略和制度的若干意见》指出，要探索建立"蓝碳标准体系和交易机制"。2021 年 10 月发布的《中共中央 国务院关于完整准确全面贯彻新发展理念做好碳达峰碳中和工作的意见》提出"整体推进海洋生态系统保护和修复，提升红树林、海草床、盐沼等固碳能力"。2021 年 10 月，国务院印发《2030 年前碳达峰行动方案》要求"开展森林、草原、湿地、海洋、土壤、冻土、岩溶等碳汇本底调查、碳储量评估、潜力分析，实施生态保护修复碳汇成效监测评估"。2023 年 4 月，自然资源部、国家发展改革委、财政部、国家林草局联合印发了《生态系统碳汇能力巩固提升实施方案》，方案明确要统筹布局和实施生态保护修复重大工程、持续提升生态功能重要地区碳汇增量，整体推进海洋、湿地、河湖保护和修复等 5 项内容，提升生态系统固碳增汇能力。

海洋是地球上最大的生态系统之一，也是最大的活跃碳库，其碳储量是大气碳库的 50 倍，陆地碳库的 20 倍，全球约 93% 的 $CO_2$ 循环和固定是通过海洋完成的[①]。特别是海岸带蓝碳生态系统——红树林、海草床、盐沼，覆盖面积不足海床的 0.5%，植物生物量也只占陆地植物生物量的 0.05%，但其碳储量却达海洋碳储量的 50%～71%[②]。研究发现，包括河口和近海陆架在内的海岸带蓝碳生态系统年碳埋藏量为 237.6 Tg /a（以 C计），远高于深海的碳埋藏量，分别是热带雨林和北方林的 5.3 倍和 4.8 倍[③④]（图 1–1）。以盐沼为例，一片面积仅为 0.25 $km^2$ 的滨海盐沼湿地年碳埋藏量相当于燃烧 2.8 万升汽油排放的 $CO_2$[⑤]，可见海岸带蓝碳生态系统在减缓全球升温中将起到十分重要的作用。在经济高速发展的背景下，我国已成为全球 $CO_2$ 排放量最多的国家，减排压力日趋增大，对海岸带蓝碳生态系统碳汇潜力的挖掘、维持与提升是未来最经济和最值得开拓的途径之一。

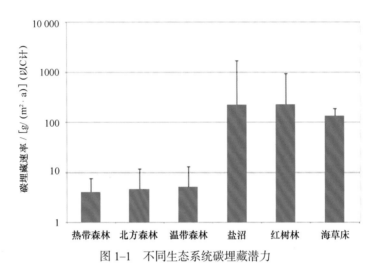

图 1–1　不同生态系统碳埋藏潜力

　　广东作为海洋大省，海岸带蓝碳生态系统丰富多样（图 1–2），同时拥有海草床、红树林、盐沼这三大蓝碳生态系统，总面积约 14 481.39 $hm^2$，其中，红树林分布面积约 11 928.87 $hm^2$，约占全国 54%，盐沼分布面积约 1258.00 $hm^2$、海草床分布面积约 1294.52 $hm^2$[⑥]。广东省海岸带蓝碳生态系统储碳能力强，增汇潜力大，且在改善水质、保

　　① HOLMÉN K. The Global Carbon Cycle［M］. International Geophysics. Academic Press, 1992, 50：239–262.

　　② NELLEMANN C, Corcoran E, Durate C M. Blue carbon: the role of healthy oceans in binding carbon: a rapid response assessment. UNEP/Earthprint, 2009.

　　③ MCLEOD E, CHMURA G L, BOUILLON S, et al. A blueprint for blue carbon: toward an improved understanding of the role of vegetated coastal habitats in sequestering $CO_2$［J］. Frontiers in Ecology and the Environment, 2011, 9（10）：552–560.

　　④ 周晨昊，毛覃愉，徐晓，等 . 中国海岸带蓝碳生态系统碳汇潜力的初步分析［J］. 中国科学：生命科学，2016，46（4）：475–486.

　　⑤ DAVIS J L, CURRIN C A, O'BRIEN C, et al. Living shorelines: coastal resilience with a blue carbon benefit［J］. PloS one, 2015, 10（11）：e0142595.

　　⑥ 董迪，黄华梅，高晴，等 . 海岸带蓝碳生态系统保护空缺分析——以广东和广西为例［J］. 海洋学研究，2023，41（01）：110–120.

护海岸线、防风消浪等方面有重要作用。目前，《广东省红树林保护修复专项规划》正稳步推进，预计到 2025 年，广东省将营造红树林 5500 $hm^2$，修复红树林 2500 $hm^2$，建立 4 个万亩级红树林示范区，红树林保有量将达到 16 100 $hm^2$。《广东省海洋经济发展"十四五"规划》，提出探索海洋生态产业化，推进海洋生态产品价值实现机制试点，大力推进蓝碳增汇工程，推动海洋生态修复、生态旅游、生态养殖、蓝碳技术服务和蓝碳交易等海洋经济新业态发展。广东省相继开展蓝碳生态系统的保护与修复工程，对海洋碳汇交易展现出较高积极性，可望未来在海岸带蓝碳生态系统保护和修复，推进蓝碳交易以促进生态产品价值实现方面在全国做出示范。

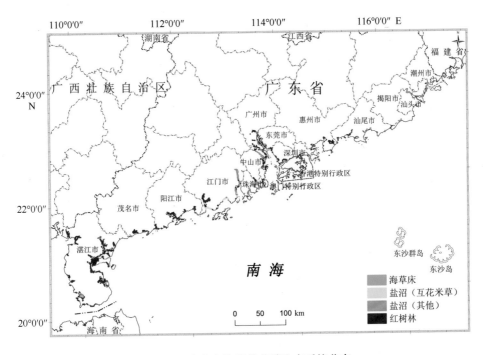

图 1–2　广东省海岸带蓝碳生态系统分布

近年来，自然资源部以习近平生态文明思想为指导，践行"绿水青山就是金山银山"理念，通过严格管控围填海、实施"蓝色海湾"及海岸带保护修复等重大生态系统修复工程，极大地恢复了我国海岸带生态系统面积，整治修复海岸线 2000 km，修复滨海湿地 60 万亩（40 000 $hm^2$），成为世界上少数几个红树林面积净增加的国家之一。然而，如何将蓝碳增汇纳入修复工程目标和考核评估指标，实现海岸带工程碳汇增量可视化，促进海岸带蓝碳生态系统固碳能力持续提升，开展蓝碳交易，实现蓝碳价值化，是当前亟须解决的问题。

# 2 蓝碳生态系统的种类

蓝碳，也称海洋碳汇，是利用海洋活动及海洋生物吸收大气中的 $CO_2$，并将其固定在海洋中的过程、活动和机制[1]，储存形式主要包括生物炭和沉积物碳。"蓝碳"涵盖了海岸带湿地、沼泽、河口、近海、浅海和深海等海洋生境的碳汇，近 10 年来，基于人类对海岸带生态系统（红树林、海草床、盐沼）具有较强碳汇功能的认识，目前研究重心已偏向海岸带蓝碳，因此本文中的蓝碳特指"海岸带蓝碳"。

## 2.1 三大蓝碳生态系统

海洋储存了地球上约 93% 的 $CO_2$，据估算约为 40 万亿吨，是地球上最大的碳库。海洋每年可清除 30% 以上排放到大气中的 $CO_2$，对减少大气 $CO_2$、缓解全球气候变暖起到至关重要的作用，也是"减排"之外的一条可行路径[2]。

红树林、海草床和盐沼作为三大海岸带蓝碳生态系统，能够捕获和储存大量的碳，具有极高的固碳效率。虽然这三类生态系统的覆盖面积不到海床的 0.5%，植物生物量也只占陆地植物生物量的 0.05%，但其碳储量却高达海洋碳储量的 50% 以上，甚至可能高达 71%[3]。

据联合国环境规划署等国际组织联合发布的《蓝碳：健康海洋对碳的固定作用——快速反应评估》报告估算，保护和恢复海洋碳汇及改善对其的管理，可避免每年高达 450 万亿克碳损失，该数字相当于人类目前计划的碳减排量的 10%。在全球范围内基于海洋的增汇方案，可在 2030 年每年减少近 40 亿吨 $CO_2$ 当量的排放，到 2050 年每年减少约 110 亿吨。

我国海岸线绵长，沿海地区广泛分布着红树林、海草床和盐沼这三大海岸带蓝碳生态系统（图 2–1），生境总面积在 1738～3965 $km^2$。其中红树林主要分布在广东、广西、海南和福建等省（区），总面积约 300 $km^2$；海草床主要分布在黄渤海区和南海区，总面积约 231 $km^2$。滨海盐沼主要分布在辽河口、黄河口、长江口和闽江口等河口区域，总面积在 1207～3434 $km^2$。

---

① 李捷，刘译蔓，孙辉，等.中国海岸带蓝碳现状分析［J］.环境科学与技术，2019，42（10）：207–216.

② HOWARD J, HOYT S, ISENSEE K, et al.（eds.）. Coastal blue carbon: methods for assessing carbon stocks and emissions factors in mangroves, tidal salt marshes, and seagrass meadows［M］. Conservation International, Intergovernmental Oceanographic Commission of UNESCO, International Union for Conservation of Nature. Arlington, Virginia, USA, 2014.

③ 焦念志，等.蓝碳行动在中国［M］.北京：科学出版社，2018.

三大蓝碳生态系统

图 2-1　三大蓝碳生态系统

按全球平均值估算，我国三大海岸带蓝碳生态系统的年碳汇量（126.88～307.74）×$10^4$ t $CO_2$，其中，红树林每年埋藏 27.16×$10^4$ t $CO_2$，海草床每年埋藏（3.2～5.7）×$10^4$ t $CO_2$，滨海盐沼每年埋藏（96.52～274.88）×$10^4$ t $CO_2$，均具有巨大的固碳储碳潜能，是实现碳中和远景目标不可忽视的"中流砥柱"。良好的蓝碳生态系统资源禀赋为我国发展蓝碳生态系统调查、碳汇评估、碳汇交易、增汇等工作提供了优越的条件。

## 2.2　红树林生态系统

红树林（mangrove forest）是指生长在热带和亚热带海岸潮间带区域，以红树植物为主的常绿乔木、灌木组成的木本植物群落。红树林植被和沉积物碳库中的有机碳积累体现了红树林较强的固碳能力，红树林生态系统是热带地区碳含量最高的生态系统之一，其总固碳量占据了全球海洋碳固存量的 14%。

红树林位于海陆交接的潮间带，具有高的净初级生产力，可以吸收大气中的二氧化碳并储存在植被和土壤中[1][2]。在潮汐过程中，红树林复杂的植被地上结构（如地表支柱/呼吸根、茂密的植株等）发挥的消浪作用有利于促进潮水中颗粒有机碳的沉降[3][4]，植物凋落物和死亡的根系分解后部分也能埋藏到沉积物中[5]。随着红树林发育，土壤pH降低、温

①　YE Y, PANG B P, CHEN G C, et al. Processes of organic carbon in mangrove ecosystems［J］. Acta Ecologica Sinica, 2011, 31: 169–173.

②　KRISTENSEN E, BOUILON S, DITTMAR T, et al. Organic carbon dynamics in mangrove ecosystems: a review［J］. Aquatic Botany, 2008, 89（2）: 201–219.

③　ALONGI D M. Carbon cycling and storage in mangrove ecosystems［J］. Annual Reviews in Marine Science, 2014, 6（1）, 195–219.

④　EZCURRA P, EZCURRA E, GARCILLAN P P, et al. Coastal landforms and accumulation of mangrove peat increase carbon sequestration and storage［J］. Proceedings of the National Academy of Sciences of the United States of America, 2016, 113（16）: 4044–4409.

⑤　MCLEOD E, CHMURA G L, BouILLoN S, et al. A blueprint for blue carbon: toward an improved understanding of the role of vegetated coastal habitats in sequestering Co［J］. Frontiers in Ecology and the Environment, 2011, 9（10）: 552–560.

度降低、红树酚类的输入等变化都有利于红树植物有机碳在土壤中累积[1][2]。同时，红树林中食草性底栖动物对红树林凋落物的储存和摄食作用也促进了红树植物有机碳埋藏进入土壤[3]。

与植被相比，红树林土壤发育相对缓慢，尤其在种植初期，土壤中的有机碳累积量要明显低于植被[4]。相对于植被而言，红树林土壤中有机碳储量随恢复时间的变化是稳定增加的，以碳计大约为 2.64 t/（hm$^2$·a）[5]，因此在植被达到成熟状态后土壤碳库对湿地生态系统固碳的贡献会逐渐增加。红树植物凋落物和死亡根系是土壤有机碳的主要来源[6]。红树林恢复初期土壤中累积的有机碳主要集中在表层[7]，随着恢复时间的推移，植物对土壤有机碳的贡献才影响到底层土壤。土壤中有机碳含量随深度逐渐降低，这种空间变化与植物根系的分布特征类似，因此学者也认为，红树植物根系是土壤有机碳的主要来源[8]。红树林和陆地森林碳储存差异见（图 2-2）。

中国现有原生红树植物 21 科 37 种，其中真红树植物 11 科 14 属 25 种，半红树植物 10 科 12 属 12 种[9]。根据相关调查研究，我国红树林面积在历史上曾达 25×10$^4$ hm$^2$，20 世纪 50 年代为 4.2×10$^4$ hm$^2$，2000 年为 2.2×10$^4$ hm$^2$，2000 年至 2010 年增加到 20 776 hm$^2$；2010 至 2013 年，我国红树林面积增加迅猛，由 20 776 hm$^2$ 增加至 32 834 hm$^2$[10]。

多年来，我国注重对红树林生态系统的调查研究，全国范围内的红树林资源本底调查主要包括 2001 年的全国红树林资源调查和 2009—2013 年的中国湿地资源调查（图 2-3 ~ 图 2-5）。调查结果显示，中国红树林湿地分布范围北起浙江温州乐清湾，西至广西中越边境的北仑河口，南至海南三亚，海岸线长达 14 000 余千米，现有红树林湿地面积 34 472.14 hm$^2$，行政区划涉及浙江、福建、广东、广西和海南五省区的 50 余个县级单位。

① 沙聪，王木兰，姜玥璐，等. 红树林土壤 pH 和其他土壤理化性质之间的相互作用［J］. 科学通报，2018，63：2745–2756.

② SARASwATI s, DUNN c, MITSCH w J, et al. Is peat accumulation in mangrove swamps influenced by the "enzymic latch" mechanism?［J］. Wetlands Ecology & Management, 2016.

③ KRISTENSEN E. Mangrove crabs as ecosystem engineers, with emphasis on sediment processes［J］. Journal of Sea Research, 2008, 59（1/2）: 30–43.

④ CHEN G C, LU C Y, LI R, et al. Effects of foraging leaf litter of Aegiceras corniculatum（Ericales, Myrsinaceae）by Para–sesarma plicatum（Brachyura, Sesarmidae）crabs on properties of mangrove sediment: a laboratory experiment［J］. Hydrobiologia, 2016, 763（1）: 125–133.

⑤ CHEN S Y, CHEN B, CHEN G C, et al. Higher soil organic carbon sequestration potential at a rehabilitated mangrove comprised of Aegiceras corniculatum compared to Kandelia obovate［J］. Science of the Total Environment, 2021, 752（15）: 142279.

⑥ SAINTILAN N, ROGER K, MAzUMDER D, et al. Allochthonous and autochthonous contributions to carbon accumulation and carbon store in southeastern Australian coastal wetlands［J］. Estuarine, Coastal and Shelf Science, 2013, 128: 84–92.

⑦ CHEN G C, GAO M, PANG B P, et al. Top–meter soil organic carbon stocks and sources in restored mangrove forests of different ages［J］. Forest Ecology and Management, 2018, 422: 87–94.

⑧ LIU X, XIONG Y M, LIAO B W. Relative contributions of leaf litter and fine roots to soil organic matter accumulation in mangrove forests［J］. Plant and Soil, 2017, 421（1）: 493–503.

⑨ 罗柳青，钟才荣，侯学良，等. 中国红树植物 1 个新记录种——拉氏红树［J］. 厦门大学学报（自然科学版），2017，56（03）: 346–350.

⑩ 贾明明 .1973—2013 年中国红树林动态变化遥感分析［D］. 长春: 中国科学院研究生院（东北地理与农业生态研究所），2014.

按省（区）统计，红树林分布面积从高到低依次为广东、广西、海南、福建、浙江，分别占全国红树林面积的比例为 57.30%、25.47%、13.74%、3.43% 和 0.06%。

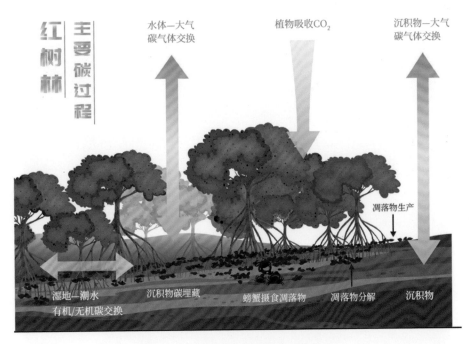

图 2-2　红树林和陆地森林碳储存差异

图 2-3　红树林（摄影　何佳潞）

图 2–4　广东湛江红树林（摄影　林广旋）

图 2–5　海南新盈红树林国家湿地公园（摄影　何佳潞）

　　红树林资源本底调查为后续开展红树林生态系统碳汇相关调查评估研究提供了大量翔实的数据资料，为初步探究我国红树林生态系统碳汇能力本底值提供了基础条件。近年来，诸多学者开始注重研究红树林湿地碳储量及碳汇能力的调查研究，并进一步探索红树林湿地碳循环过程及其调控机制，从而对红树林湿地进行合理的保护和利用。已有研究表明，全球红树林湿地的碳汇能力在 0.18 Pg/a（以 C 计），其中东南亚地区深达 3 m 的热带红树林湿地的碳储量平均高达 102.3 kg/m$^2$（以 C 计）[1]，而中国红树林的平均碳汇能力

①　DONATO D C, KAUFFMAN J B, MURDIYARSO D, et al. Kanninen M. Mangroves among the most carbon–rich forests in the tropics［J］. Nat Geosci, 2017, 4: 293–297.

在 209 ~ 661 g/(m² · a)(以 C 计)[①]。据资料显示，全球红树林总碳储量为 147.9 × 10⁸ t CO₂[②]。其中，赤道附近红树林储存了 99.82 × 10⁸ t CO₂，10°— 20° N 之间的红树林碳储量为 36.7 × 10⁸ t CO₂，而 20° — 30° N 之间的红树林碳储量只有 10.64 × 10⁸ t CO₂。全球红树林年碳汇量为（8 ± 2.86）× 10⁸ t CO₂，碳汇能力为热带雨林的 50 倍[③]。我国不同地区红树林碳埋藏速率为 6.86 ~ 9.73 t/(hm² · a)(以 CO₂ 计，下同)，最高可达 16.3 t/(hm² · a)，各地区红树林总碳储量为（0.2327 ~ 0.2745）× 10⁸ t，每年的平均净碳汇量超过 7.34 t/hm²（以 CO₂ 计，下同），高于全球平均水平 6.39 t/(hm² · a)，见表 2-1。

表 2-1 中国和世界的红树林碳汇

| 指　标 | 世　界 | 中　国[*] |
|---|---|---|
| 面积 /（×10⁴ hm²） | 1380 ~ 1520 | 3.2834 |
| 总储碳量 /（×10⁸ t CO₂） | 147.9 | 0.2327 ~ 0.2745 |
| 碳埋藏速率 /［t/(hm² · a)］ | 6.39 | 6.86 ~ 9.73 |
| 年碳汇量 /（×10⁴ t/a） | 51 400 ~ 108 600 | 27.16 |

* 未统计香港、澳门和台湾地区数据，后同。

## 2.3　海草床生态系统

海草（seagrass）是指生长于温带、热带近海水下的单子叶高等植物（图 2-6）。在沿海潮下带形成的由一种或多种海草组成的大面积连续成片的植物群落称为海草床（seagrass beds），是底栖生物、幼虾及仔稚鱼良好的生长场所和海鸟的栖息地[④]。海草床栖息地作为世界上单位面积植被生物量最具有生产力的生态系统，是全球生产力的重要组成部分，其单位面积生产力比热带雨林还要高[⑤]。海草床具有重要的生态功能，如稳定底质、净化水体、为海洋生物提供栖息繁育场所、为海洋生物提供食物来源等，同时海草床是地球上最有效的碳捕获和封存系统之一，是全球重要的碳库，是海岸带"蓝碳"的重要组成部分[⑥]。根据研究，全球海草床沉积物有机碳的储量在 9.8 ~ 19.8 Pg（以 C 计）（Pg=10¹⁵g），相当于全球红树林与潮间带盐沼植物沉积物碳储量之和。另据测算，全球海草床生态系统的平均固碳速率为 83 g/(m² · a)（以 C 计），约为热带雨林［4 g/(m² · a)（以 C 计）］的 21 倍[⑦]。

① 张莉，郭志华，李志勇 . 红树林湿地碳储量及碳汇研究进展［J］. 应用生态学报，2013，24：1153–1159.
② 李捷，刘译蔓，孙辉，等 . 中国海岸带蓝碳现状分析［J］. 环境科学与技术，2019，42（10）：207–216.
③ BOUILLON S, BORGES A V, CASTANEDA M E, et al. Mangrove production and carbon sinks: are vision of global budget estimates［J］.Global Biogeochemical Cycles, 2008, 22（2）: 1–12.
④ ZEHETNER F. Does organic carbon sequestration in volcanic soils offset volcanic CO₂ emissions?［J］. Quaternary Science Reviews, 2010, 29（11–12）: 1313–1316.
⑤ FOURQUREAN J W, DUARTE C M, KENNEDY H, et al. Seagrass ecosystems as a globally significant carbon stock［J］. Nature Geoscience, 2012, 1（7）: 297–315.
⑥ MATEO M A, ROMERO J, M PÉREZ, et al. Dynamics of Millenary Organic Deposits Resulting from the Growth of the Mediterranean Seagrass Posidonia oceanica［J］. Estuarine Coastal & Shelf Science, 1997, 44（1）: 103–110.
⑦ 邱广龙，林幸助，李宗善，等 . 海草生态系统的固碳机理及贡献［J］. 应用生态学报，2014，25：1825–1832.

图 2–6　海草床（摄影　杨熙）

海草床生态系统内的碳储量主要以生物质碳储量和沉积物碳储量两种方式存在。海草床是极富生产力的生态系统，全球海草平均初级生产量为 $10^{12}$ g /（m² · a）（DM），高于生物圈其他大部分类型生态系统，其中有些种类的海草植物，如托利虾海草（*Phyllospadix torreyi*）的生产量可达 25.5 g /（m² · d）（DM）。

除了海草植物本身，海草植物上的附着生物对海草床碳循环的贡献也不容忽视，其贡献可达海草植物地上部分生产力的 20% ~ 60%。此外，海草床中生长的大型藻类也是生态系统中碳储量的重要来源[1]。

海草植物（如图 2–7）、附着生物和大型藻类等通过光合作用固定的碳存储在生物体内，成为海草床生态系统中碳库的重要组成部分。除生物体有机碳外，海草床生态系统中的有机碳大部分存储于沉积物中。其沉积物有机碳的储存也是其"蓝碳"功能的重要体现[2]。海草床的生态碳循环如图 2–8 所示。

海草床产生的大量纤维和木质素类物质（根和根茎）能够形成数米甚至十几米的海草碎屑层，并能完整保存几千年。例如，位于西班牙利加特港海湾的大洋波喜荡草（*Posidonia oceanica*）海草床沉积物中形成了 11.7 m 厚的有机碎屑物层，其单位面积的碳储量高达 0.18 t /m²（以 C 计）；Mateo 等[3]发现，大洋波喜荡草埋存于沉积物中的有机物形态在经历了上千年后几乎没有发生变化。

①　邱广龙，林幸助，李宗善，等 . 海草生态系统的固碳机理及贡献［J］. 应用生态学报，2014，5（006）：1825–1832.
②　范航清，邱广龙，石雅君，等 . 中国亚热带海草生理生态学研究［M］. 近岸生态与环境实验室，2011.
③　MATEO M A, ROMERO J, M PÉREZ, et al. Dynamics of Millenary Organic Deposits Resulting from the Growth of the Mediterranean Seagrass Posidonia oceanica［J］. Estuarine Coastal & Shelf Science, 1997, 44（1）：103–110.

图 2-7 泰来草（摄影 杨熙）

中国海草床种类有 22 种，总面积较小，约为 8765 hm²，分布区域有山东、福建、广东、广西、海南、台湾和香港地区，其中南海海区分布占总面积的 80%。可将其划分为南海和黄渤海两大分布区，已确定海草植物 22 种，隶属于 4 科 10 属，约占全球海草种类总数的 30%[①]。

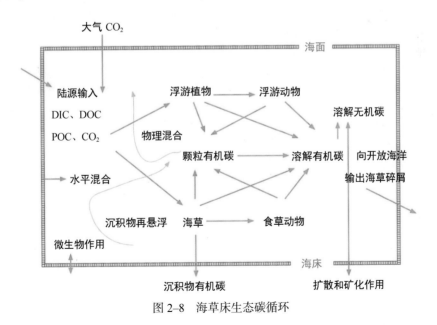

图 2-8 海草床生态碳循环

① 郑凤英，邱广龙，范航清，等. 中国海草的多样性、分布及保护［J］. 生物多样性，2013，21（5）：517–526.

我国的海草研究始于 20 世纪 80 年代，自 2002 年以来，中国科学院南海海洋研究所黄小平研究团队在联合国环境规划署 / 全球环境基金（UNEP/GEF）"扭转南中国海与泰国湾环境退化趋势"项目资助下，对我国华南地区的海草床的调查，基本摸清了海草的地理分布、种类、生物量、生产力、生物多样性特征、所面临的威胁等。2004 年起，国家海洋局组织地方有关单位开展了广西北海、海南东海岸两个生态监控区的海草床生态系统监测与调查（图 2-9），并持续到 2017 年，随着 2015—2019 年我国实施的国家科技基础性工作专项重点项目之"我国近海重要海草资源及生境调查"项目，目前基本掌握我国海草床的本底情况。2018 年以来，自然资源部持续开展典型生态系统的预警监测，对广东省流沙湾、柘林湾等区域的海草床进行监测预警。

图 2-9　海南海草床（摄影　杨熙）

我国学者对广西海草床沉积物有机碳（dissolved organic carbon, DOC）储量进行了调查和估算，发现该区域沉积物有机碳密度（平均值）和碳储量分别为：48 Mg /hm$^2$（以 C 计）和 26 721.62 Mg（以 C 计），低于全球海草床平均碳密度 152.17 Mg / hm$^2$（以 C 计）。有学者对海南新发现的几处海草床进行了蓝碳储量评估，发现海草生物体的平均碳储量为（0.23 ± 0.16）Mg / hm$^2$，沉积物平均有机碳储量为（7.02 ± 3.57）Mg / hm$^2$（以 C 计），新发现区域的海草床沉积物有机碳储量为 1306.45 Mg（以 C 计）。以世界海草床碳埋藏速率估算，我国现存的海草床年碳汇量为（3.2 ~ 5.7）× 10$^4$ t CO$_2$，见表 2-2。

表 2–2　中国和世界的海草碳汇

| 指标 | 世界 | 中国 |
|---|---|---|
| 面积 / (×10⁴hm²) | 1770 ~ 6000 | 0.876 51 |
| 总储碳量 / (×10⁸t CO₂) | 70 ~ 237 | 0.035 |
| 碳埋藏速率 / [t/ (hm²·a) ] | 3.67 ~ 6.46 | 3.67 ~ 6.46 |
| 年碳汇量 / (×10⁴t/a) | 6496 ~ 387 60 | 3.2 ~ 5.7 |

保护好当前的海草生态系统，不仅可免于每年由于海草退化导致的从海草沉积物中299 Tg（Tg=$10^{12}$g）碳排放的损失，而且每年额外还有 48 ~ 112 Tg 碳埋存的贡献。此外，海草生态系统对滨海地区的营养循环、渔业（生物多样性）的维持、近岸水质的净化以及岸滩的侵蚀控制和保护等亦大有裨益。采取一定的经济激励措施来扭转海草生态系统的退化将有助于保护其生态效益，并能减少温室气体的排放，应对全球的气候变化。

## 2.4　盐沼生态系统

盐沼（salt marsh，本文特指滨海盐沼，不考虑陆地盐沼），通常是指沿海岸线受海洋潮汐周期性或间歇性影响的覆有草本植物群落的咸水或淡咸水淤泥质滩涂（图 2–10）。滨海盐沼湿地是滨海湿地的重要组成部分，是地球上生产力最高的生态系统之一，有着较高的碳沉积速率和固碳能力，在缓解全球变暖方面发挥着重要作用。盐沼湿地是目前国际上公认的具有最强碳汇作用的生态系统之一，拥有较高的植被生产力、较低的有机质分解速率、丰富的生物多样性和极为重要的生态系统服务功能。此外，盐沼植被根冠比 1.4 ~ 5，这使地下生物量有大量的碳储存以及通过根系的传递而存储在土壤碳库中[①]。研究发现，全球盐沼平均净固碳为 218 g / m²（以 C 计），高于红树林的年均净固碳量，且固碳速率是森林生态系统的 40 倍[②]。

盐沼在全球分布广泛，主要分布在中高纬度的河口海岸地区以及低纬度盐度较高的河口或靠近河口的沿海潮间带（图 2–11）。盐沼在我国沿海省份均有分布，主要分布在辽河口、黄河口、长江口、闽江口等河口区域。据自然资源部 2020 年调查数据显示，我国盐沼底质类型以粉砂为主，总面积 1132.15 km²，主要分布在山东省、江苏省、上海市、浙江省和福建省，这五省市盐沼面积占全国盐沼面积的 92.9%。辽宁省、河北省、天津市、广东省、广西壮族自治区和海南省等其他六省（市、区）盐沼分布面积较少，大部分呈零星、点状分布，总面积占全国盐沼面积比例不足 10%。盐沼的主要植被包括芦苇、碱蓬、海三棱藨草和互花米草等。其中，互花米草是源自北美盐沼湿地的外来种，具备较强的适应性和耐受能力。我国在 20 世纪 80 年代广泛引种互花米草，用于滨海地区促淤造陆和保滩护岸等生态工程，但也造成了其入侵光滩湿地、威胁本土植物和水鸟栖息地等生态问题。

① 　王秀君，章海波，韩广轩 . 中国海岸带及近海碳循环与蓝碳潜力 [J]. 中国科学院院刊，2016，31（10）：1218–1225.
② 　仲启铖 . 温度和水位对滨海围垦湿地碳过程的影响 [D]. 上海：华东师范大学，2014.

图 2-10 盐沼湿地（摄影 晏然）

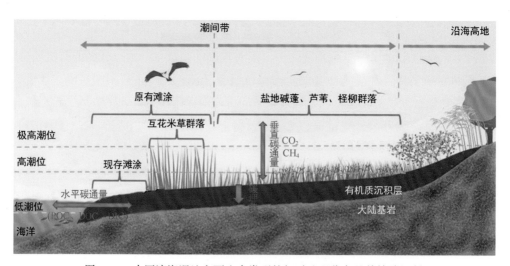

图 2-11 中国滨海湿地主要生态类型的相对地理分布及其储碳机制
图源："中国滨海湿地的蓝色碳汇功能及碳中和对策"

　　为掌握全国盐沼的分布范围、面积、植被类型等本底数据以及重点区域的盐沼生态系统、植被生理生化、生物群落结构和环境特征等方面的信息，我国已开展了一定的调查与研究，主要包括三次全国湿地资源调查和海岸带保护修复工程项目等。这些工作掌握了滨海盐沼的空间位置、斑块数量和面积等基本状况，以及重点区域的盐沼植被类型及分布、盐沼生物群落构成及特征、水体及沉积环境状况等，为进行我国整体上的盐沼碳汇研究打下了坚实基础。

10 余年来，我国学者对盐沼植被生物量和碳储量、土壤碳沉积与碳埋藏、湿地碳汇能力等也开展了有关工作，但中国盐沼碳汇研究仍处于起步阶段。据调查，中国滨海湿地的芦苇滩、碱蓬滩、海三棱藨草滩和互花米草滩的总面积在 $1207 \sim 3434\ \text{km}^2$，储存的有机碳约 550 Pg，占陆地碳储量的 15% ~ 30%[①]。杭州湾南岸的芦苇、互花米草和海三棱藨草的年固碳能力分别是中国陆地植被平均固碳能力的 380%、376% 和 55.5%[②]；以崇明岛滨海湿地为例，该岛芦苇的年固碳能力为 $(1.02 \pm 0.12)\ \text{kg}/(\text{m}^2 \cdot \text{a})$，互花米草的年固碳能力则为 $(1.32 \pm 0.10)\ \text{kg}/(\text{m}^2 \cdot \text{a})$，海三棱藨草为 $(0.33 \pm 0.05)\ \text{kg}/(\text{m}^2 \cdot \text{a})$，湿地植物群落全年能够固定 $CO_2$ 约 0.25 Tg/a[③]。而在黄河三角洲滨海湿地，芦苇群丛的年固碳能力为 $(0.70 \pm 0.16)\ \text{kg}/(\text{m}^2 \cdot \text{a})$，盐沼湿地植被的年总固碳量可达 0.3 Tg/a[④]。根据有关学者分析，按照世界盐沼碳埋藏速率估算，我国盐沼年碳汇量为 $(96.52 \sim 274.88) \times 10^4\ \text{t}\ CO_2$[⑤]，见表 2–3。

表 2–3　世界和中国的盐沼碳汇

| 指　　标 | 世　　界 | 中　　国 |
|---|---|---|
| 面积 / ($\times 10^4\ \text{hm}^2$) | 220 ~ 4000 | 12 ~ 34 |
| 总储碳量 / ($\times 10^8\ \text{t}\ CO_2$) | 18.72 ~ 374.34 | 1.12 ~ 3.18 |
| 碳埋藏速率 / [$\text{t}/(\text{hm}^2 \cdot \text{a})$] | 7.12 ~ 8.88 | 8.65 |
| 年碳汇量 / ($\times 10^4\ \text{t}/\text{a}$) | 28 479.2 ~ 36 186.2 | 96.52 ~ 274.88 |

## 2.5　其他海岸带碳汇

（1）渔业碳汇

除了红树林、海草床和盐沼等三类典型的蓝碳生态系统外，渔业碳汇和微生物碳泵也被认为是重要的碳汇种类。渔业碳汇是海洋碳汇另外一个重要的类型之一，主要是通过渔业生产活动促进水生生物吸收水体中的 $CO_2$，并通过收获把这些已经转化为生物产品的碳移出水体的过程和机制[⑥]，该过程能发挥碳汇功能，直接或间接降低大气二氧化碳浓度，因此渔业养殖活动对海洋的碳循环具有显著影响。该渔业生产活动亦称"碳汇渔业"，主要

---

① 关道明. 中国滨海湿地［M］. 北京：海洋出版社，2012.

② 邵学新，李文华，吴明，等. 杭州湾潮滩湿地 3 种优势植物碳氮磷储量特征研究［J］. 环境科学，2013，34：3451–3457.

③ 王淑琼，王瀚强，方燕，等. 崇明岛滨海湿地植物群落固碳能力［J］. 生态学，2014，33：915–921.

④ 张绪良，张朝晖，徐宗军，等. 黄河三角洲滨海湿地植被的碳储量和固碳能力［J］. 安全与环境学报，2012，12：145–149.

⑤ ZHOU CHEN HAO, MAO TAN YU, XU XIAO. Preliminary analysis of carbon sink potential of blue carbon ecosystem in China's coastal zone［J］. Science China: Life Sciences, 2016, 46（4）：475–486.

⑥ 胡学东. 国家蓝色碳汇研究报告：国家蓝碳行动可行性研究［M］. 北京：中国书籍出版社，2020.

形式是以种植大型海藻和贝类等渔业生产活动为代表[1]。我国在养殖贝类、藻类等带来的渔业碳汇方面已开展10余年研究。

近年来，国内许多学者对碳汇渔业生产活动的固碳机理研发进行深入研究，包括近海养殖系统的增汇机理、外海渔业固碳技术、基于生态系统动力学的碳循环过程及固碳技术，以揭示海洋渔业的碳汇机理与潜力[2]。其次，一些学者开展碳汇能力估算方法和评估研究，通过测定渔获物通过食物链、网之间的碳转换效率和碳参数，估算出渔业碳汇的固碳量和碳移出量，来科学评价海洋渔业资源的碳汇能力。张继红等[3]推算出2002年中国海水养殖的贝类和藻类使浅海生态系统的碳可达300余万吨，并通过收获从海中移出至少120万吨的碳。

（2）生物泵

生物泵是通过海洋生物或海洋生物活动将碳以颗粒的形式，从海洋表层传递到深海海底，并进行埋藏的过程[4]。浮游植物是海洋的初级生产者，其固定碳和氮的总量比全世界陆地植物的固定总量还要多[5]。一方面，吸收有机碳的部分浮游植物被浮游动物和大型鱼类食用，并通过呼吸作用和微生物分解作用将二氧化碳排入海洋；另一方面，浮游植物和浮游动物等生物链物种的碎屑、排泄物和蜕皮等，经过沉降和分解等过程转变为颗粒碳，沉于深海海底和海底沉积物。被封藏的碳不再参与地球化学循环，可被保存上万年甚至上亿年，从而实现对碳循环的调节[6]。我国当前研究表明，中国边缘海是陆源和海源有机质的重要碳汇，主要形式之一即是生物泵，而海洋沉积有机质的来源和分布在过去600年受到快速气候变化及人类活动的影响。戴民汉等[7]研究表明，在河流和上升流携带的大量营养盐的驱使下，边缘海往往呈现较高的生产力，其溶解有机碳（dissolved organic carbon, DOC）的净生产量达到约0.38 Pg / a（以C计），占到新生产力的20%，是生物泵的主要贡献之一。

（3）微生物碳泵

微型生物泵（microbial carbon pump, MCP）是指海洋微型生物的生理代谢和生态过程将活性有机碳转化为难以被生物利用的惰性溶解有机碳，从而长期封存于海洋水体中的储碳机制。其主要工作原理是利用微型生物修饰和转化溶解态颗粒有机碳的能力，经过一系列物理化学作用使其丧失化学活性，从而被长期固定和储存在海洋中。由海洋初级生产力形成的绝大部分有机碳经快速循环，在海洋中的存期从几小时到数月，最多数年后即返回

[1] 邵桂兰，阮文婧. 我国碳汇渔业发展对策研究［J］. 中国渔业经济，2012，30（04）：45–52.

[2] 徐敬俊，覃恬恬，韩立民. 海洋"碳汇渔业"研究述评［J］. 资源科学，2018，40（1）：161–172.

[3] 张继红，方建光，唐启升. 中国浅海贝藻养殖对海洋碳循环的贡献［J］. 地球科学进展，2005，20（3）：359–366.

[4] 张瑶，赵美训，崔球，等. 近海生态系统碳汇过程、调控机制及增汇模式［J］. 中国科学：地球科学，2017，47：438–449.

[5] 柯英. 湿地［M］. 兰州：甘肃文化出版社，2008.

[6] 李纯厚，齐占会，黄洪辉，等. 海洋碳汇研究进展及南海碳汇渔业发展方向探讨［J］. 南方水产，2010，6（6）：81–87.

[7] 戴民汉，吴凯，孟菲菲，等. 边缘海中溶解有机碳的生产和碳在不同形态之间的分配［C］// 第四届地球系统科学大会摘要. 上海，2016.

大气；只有通过颗粒有机碳沉降到深海或经由微型生物转化形成惰性溶解有机碳进入慢速循环，才能实现储碳。

庞大的海洋微生物体系是海洋生命有机碳的主体，是微型生物泵的主要驱动力。MCP 不仅实现了长周期储碳，而且释放无机氮、磷等营养盐，从而保障海洋初级生产力的可持续性。因此，MCP 理论框架下的碳汇过程机制研究，以及如何提高海洋微型生物碳泵效率，成为具有重要前景的研究领域。MCP 的作用也适用于海岸带，人类活动可以影响海岸带微型生物碳泵。海岸带的营养物质的传输和气候变化带来的海水酸化等都能改变微型生物碳泵的大小，从而影响对惰性可溶性碳的固定。

## 2.6　蓝碳生态系统固碳增汇机制

（1）植物光合固碳作用

植被是海岸带蓝色碳汇的主要贡献者和维持者，滨海湿地是三大典型蓝碳生态系统（红树林、盐沼、海草床）的核心分布区，通常具有很高的初级生产力。在植物生长过程中通过光合作用捕获大量的二氧化碳并转化为生物质碳，这些碳存储在植物的茎、叶、根等组织中，形成植被生物量碳库，例如，广东省红树林碳储量约 $3.2 \times 10^6$ t，其中植被碳储量约占 34%[1]。而互花米草因其速生、抗性等自然属性，其生物固碳效果 $[2274 \text{ g} / (\text{m}^3 \cdot \text{a})]$ 明显大于其他盐沼湿地类型 $[约 470 \text{ g} / (\text{m}^3 \cdot \text{a})]$[2]。

高生产力形成了地上植被生物量碳库，而高归还率特征则促使植被在生长代谢过程中，通过根系残体、植被掉落碎屑及微生物降解等方式埋藏至地下形成地下生物量碳库。高达 60% 的互花米草地下生物量分布在 0～40 cm 深度内，该深度范围内有机碳含量较高，且主要来源于互花米草残体生物量。而红树林地下生物量碳库主要集中于 0～60 cm，同时明显提升该深度层有机碳含量水平（图 2–12）。

（2）沉积物碳埋藏机制

海岸带蓝碳生态系统浅表层沉积物是重要固碳增汇层，高达 98.7% 的碳固持量通常存储在 1 m 沉积层[3]。沉积物碳储量水平与植被净初级生产力（Net Primary Productivity，NPP）正相关，其变化深受湿地植被类型[4]、位置（经度、纬度和海拔）[5]、气候条件（降水

① 苏思琪，邹冠华，余云军，等 . 广东省红树林碳储量与碳汇潜力估算 [J]. 南方能源建设，2024，11（5）：1–12.

② 冯振兴，高建华，陈莲，等 . 互花米草生物量变化对盐沼沉积物有机碳的影响 [J]. 生态学报，2015，35（7）：2038–2047.

③ XIAO D, DENG L, KIM D–G, et al. Carbon budgets of wetland ecosystems in China [J]. Global Change Biology, 2019, 25: 2061–2076.

④ XIA S, SONG Z, VAN ZWIETEN L, et al. Storage, patterns and influencing factors for soil organic carbon in coastal wetlands of China [J]. Global Change Biology, 2022, 28: 6065–6085.

⑤ MENG Y, GOU R, BAI J, et al. Spatial patterns and driving factors of carbon stocks in mangrove forests on Hainan Island, China [J]. Global Ecology and Biogeography, 2022, 9: 1692–1706.

和温度等）[1]、地上和地下生物量、土地利用和土地覆被变化等因素影响。

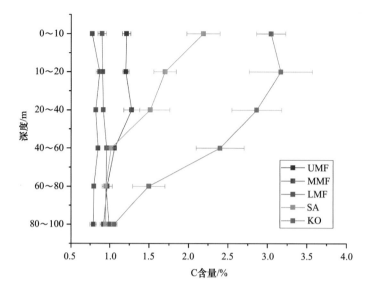

图 2-12　漳江口互花米草 (SA) 与红树林 (KO) 地下有机碳含量分布（按照高程，UMF 为上段光滩，MMF 为中段光滩，LMF 为下段光滩）

图源：晏然. 漳江口滨海湿地碳的时空分布及碳库的形成机制［D］中山大学，2023

沉积物理化环境与沉积物碳储量密切相关。其中，沉积物中碳氮高度耦合，在一定程度上反映植被对沉积物碳库形成贡献，且越来越多研究证实了根系分泌物对沉积物碳埋藏的重要贡献[2]，其中，来自根系的有机物质贡献比地表的凋落物输入贡献更大[3][4]。例如，植被根系的形态结构和密布的气生根（如支柱根和气生根）能影响有机质的分泌。地表 - 地下植被有机质输入可通过提升沉积物碳含量水平来增加沉积物有机碳储量，红树林与互花米草样地根系占据一定沉积物空间导致沉积物容重无显著差异，表明其样地碳密度在很大程度上取决于沉积物中碳含量水平。红树林与互花米草样地根系分别显著提升了 0～60 cm和 0～40 cm 沉积物碳含量水平（1.5%～2.2%）。

沉积物碳埋藏水平不仅取决于沉积物有机质含量，还取决于有机质的分子结构。不同类型植被生态系统所贡献的有机质分子结构差异较大，决定其降解速率，关系到沉积物碳库稳定性。例如，易氧化碳（Easily oxidized carbon，EOC）是沉积物活性碳组分（可溶有机碳、易氧化碳和微生物碳）重要组成部分，对气候、植被、生物活动、沉积物理

①　SASMITO S D, TAILLARDAT P, CLENDENNING J N, et al. Effect of land–use and land–cover change on mangrove blue carbon: a systematic review［J］. Global Change Biology, 2019, 25: 4291–4302.

②　AYE N S, SALE PWG, TANG C. The impact of long–term liming on soil organic carbon and aggregate stability in low–input acid soils［J］. Biology and Fertility of Soils, 2016, 52: 697–709.

③　DIJKSTRA F A, ZHU B, CHENG W. Root effects on soil organic carbon: a double–edged sword［J］. New Phytologist, 2021, 230: 60–65.

④　JACKSON R B, LAJTHA K, CROW S E, et al. The ecology of soil carbon: pools, vulnerabilities, and biotic and abiotic controls［J］. Annual Review of Ecology, Evolution, and Systematics, 2017, 48: 419–445.

化环境变化十分敏感[①]，其碳组分比例越大，碳库越容易降解，稳定性越差，因此，EOC 的比例（EOC/SOC）是沉积物碳埋藏及碳库稳定性的重要衡量指标。矿物态有机质是碳库稳定保存的另一形式，研究显示沉积物中超 90% 的有机质不能从矿物态有机质分离出来[②]，黏土矿物可以通过物理吸附及化学吸附使有机质在数十年到百万年的时间尺度上保存下来[③]。

（3）微生物固碳作用

微生物在海岸带蓝碳生态系统中起着关键作用。海岸带土壤和水体中的微生物在碳的合成、分解、固定、埋藏等过程中起着重要作用，制约整个生态系统的蓝碳功能[④]。例如，微生物碳利用效率（carbon use efficiency, CUE）可指征其生命过程中的碳收支。海岸带生态系统土壤固碳微生物涵盖细菌、真菌和古菌等多个门类，单独或与植物共生调控土壤固碳效率，其在海岸带土壤固碳贡献亦不可忽视。研究表明，微生物碳利用效率对土壤有机碳储存的影响尤为关键，较植物碳输入等其他过程至少高出了 4 倍之多[⑤]。目前以微生物为核心的土壤固碳增汇技术，通过促进菌群的分离、培养、菌剂制备及应用，强化细菌和共生植物功能、增加微生物的碳固定，将成为蓝碳增汇的新兴方向。

（4）基于人工管理的增汇机制

人工干预下，采取适应性管理措施，以增强生态系统的固碳潜力，如水位管理、植被恢复、林分改善等生态工程。

通过人工拆除阻隔潮汐流动的堤坝和障碍物、清理和维护潮沟，恢复湿地的自然潮汐流动，改善滨海湿地水文连通性，可有效提升生态系统固碳增汇能力[⑥]。首先，水文连通性的改善可以促进植物生长（增加植被覆盖度），有助于维持和提升生物多样性，提高生态系统生产力和稳定性，从而促进固碳及储碳能力；其次，水文连通有助于水体物质交换，河流和海洋可带来丰富的营养物质，提高湿地的生产力，从而增强其固碳能力；最后，水文连通有利于优化沉积环境条件，水文连通性的改善有助于调节土壤的氧化还原条件，减少甲烷产生和排放，延长碳的埋藏时长。

此外，开展海岸带生态系统植被保护和修复或林分改造等已成为人工固碳增汇的重要途径之一。通过促进植被恢复和增加植被生境面积、构建高稳定性和高生物量的植被群落

---

① 李少辉，王邵军，张哲，等．蚂蚁筑巢对西双版纳热带森林土壤易氧化有机碳时空动态的影响［J］．应用生态学报，2019，30：413–419.

② KEIL H R G. Sedimentary organic matter preservation: an assessment and speculative synthesis［J］. Marine Chemistry, 1995.DOI: 10. 1016/0304–4203（95）00008-F.

③ 卢龙飞，蔡进功，包于进，等．黏土矿物保存海洋沉积有机质研究进展及其碳循环意义［J］.地球科学进展，2006，（09）：931–937.

④ BOETIUS A. Global change microbiology—big questions about small life for our future［J］. Nature Reviews Microbiology, 2019, 17(6): 331–332.

⑤ TAO F, HUANG Y, HUNGATE B A, et al. Microbial carbon use efficiency promotes global soil carbon storage［J］. Nature, 2023, 618(7967): 981–985.

⑥ 韩广轩，宋维民，李远，等．海岸带蓝碳增汇：理念，技术与未来建议［J］.中国科学院院刊，2023，38（3）：492–503.

等生境和植被恢复措施，筛选高生产力、高碳汇型植被物种等遗传育种措施（图 2-13），可以有效地提升植物生物量主导的海岸带固碳功能。

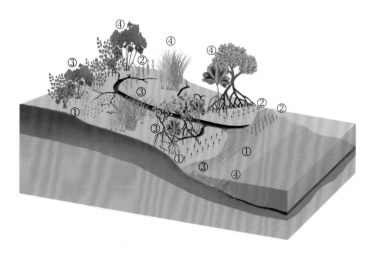

图 2-13　中国滨海湿地主要生态类型的相对地理分布及其储碳机制

①种子或胚轴撒播；②实生苗栽种；③植被群落物种多样性和稳定性提升；④高生产力、高碳汇型植被物种选育

# 3 广东省海岸带蓝碳生态系统分布现状

广东省拥有全国最漫长、曲折的海岸线，海域宽广，良湾众多，红树林、盐沼、海草床等蓝碳生态系统分布广泛。本章介绍广东省蓝碳生态系统的分布现状和保护空缺情况。

## 3.1 数据处理与分析

（1）红树林和盐沼生态系统分布数据。红树林和盐沼生态系统分布数据是基于2019年多源国产高空间分辨率卫星遥感影像（包括"资源三号"02星、"高分一号"星、"高分一号"B星、"高分一号"C星、"高分六号"星），通过正射校正和影像融合等预处理（预处理后的遥感影像空间分辨率优于2 m）后，采用人机交互识别方式，结合无人机照片，对红树林和盐沼进行解译而获得的[1]。考虑到卫星影像的空间分辨率和光谱分辨率，本研究的红树林、盐沼图斑以面积不小于0.2 hm² 为识别对象。

（2）海草床生态系统分布数据。2020—2021年，自然资源部南海局通过文献资料和卫星遥感影像初步确定广东海草床的大概位置。为确定海草床的精确边界，采用（a）船舶走航或现场踏勘，使用全球定位系统定位边界；（b）对于退潮后露出水面或海水清澈的海草床，使用无人机航拍，目视解译确定边界[2]，并制作海草床生态系统分布数据。

（3）海洋生态红线分布数据。依据2017年广东省发布的《广东省海洋生态红线》，广东省共划定了13类、268个海洋生态红线区，总面积18 163.98 km²，占广东省管辖海域总面积的28.07%，其中禁止类红线区47个，限制类红线区221个。依据不同类型的海洋生态红线分区，对区内各类海洋开发活动实施禁止类和限制类分类管控措施。对禁止类红线区实行严格的禁止与保护，禁止围填海，禁止一切损害海洋生态的开发活动；对限制类红线区，禁止围填海，但可在保护海洋生态的前提下，限制性地批准对生态环境没有破坏地公共或公益性涉海工程等项目。

（4）保护空缺分析。基于GIS空间分析平台，将红树林、盐沼和海草床生态系统分布数据进行空间合并的处理，获得海岸带蓝碳生态系统分布数据。将海岸带蓝碳生态系统

---

① 杨翼，许艳，张玉佳，等. 海岸带生态系统现状调查与评估技术导则第2部分：海岸带生态系统遥感识别与现状核查：T/CAOE 20.2–2020［S］.北京：中国海洋工程咨询协会，2020.

② 于硕，陈旭阳，鲍萌萌，等. 海岸带生态系统现状调查与评估技术导则第6部分：海草床：T/CAOE 20.2–2020［S］.北京：中国海洋工程咨询协会，2020.

分布数据与海洋生态红线分布数据进行空间叠加分析，统计获得广东各类海岸带生态系统分布面积、受保护面积和保护空缺等数据。考虑到禁止类和限制类红线区的管控措施不同，本章还统计了纳入禁止类红线区和限制类红线区的各类海岸带生态系统分布面积，并分析海岸带蓝碳生态系统受保护状况。值得一提的是，本章中"受保护"是指纳入海洋生态红线；"保护空缺"是指未纳入海洋生态红线，即未受到保护。

（5）海洋生态红线外海岸带蓝碳生态系统推荐优先保护区域分析。在景观规划中，面积相对较大或者聚集度高的生态系统斑块常被优先选择保护[1][2]。本文使用世界自然保护联盟（International Union for Conservation of Nature，IUCN）生态系统红色名录评估标准提供的方法，生态系统占有面积（Area of Occupancy，AOO）来识别海岸带蓝碳生态系统的推荐优先保护区域[3]。具体的，在 ArcGIS 软件平台上，制作 10 km × 10 km 单元格网，将单元格网与未被纳入海洋生态红线的海岸带蓝碳生态系统数据进行交集叠加分析后，统计每个单元格网中未被纳入海洋生态红线的海岸带蓝碳生态系统面积比例，即为 AOO 值，值越大说明该区域内海岸带蓝碳生态系统斑块的面积越大或聚集性越高。本文依据占有面积比例大小分为"<1%""1% ~ 3%"和">3%" 3 个等级，绘制空间分布图，并将面积比例大于 1% 的区域作为海岸带蓝碳生态系统推荐优先保护区域。

值得注意的是，考虑到互花米草是外来入侵植物，海岸带蓝碳生态系统推荐优先保护区域分析仅考虑本地盐沼植物，互花米草分布数据不纳入 AOO 值的计算。

## 3.2 广东省蓝碳生态系统分布

（1）红树林生态系统

广东省红树林生态系统呈间断分布，广东省以珠江口西侧居多，各市均有分布。珠江口以西主要分布在湛江市海岸、茂名市水东湾、阳江市阳江港、江门市镇海湾和珠海市淇澳岛。珠江口以东主要分布在深圳市福田区、惠州市范和港、考洲洋和汕头市义丰溪等地（图 3-1）。广东省 69.50% 面积的红树林生态系统分布在粤西，主要在雷州半岛区域；粤东红树林面积占广东省红树林总面积的 3.03%。

从广东省 14 个沿海市而言，湛江市红树林面积最大（6903.76 hm²），占广东省红树林总面积的 57.87%；江门市红树林面积 1467.35 hm²，占广东省红树林总面积的 12.30%；阳江市红树林面积 986.79 hm²，占广东省红树林总面积的 8.27%；其他市红树林面积占广东省红树林总面积比例均小于 6%（表 3-1）。

---

① 卢元平，徐卫华，张志明，等. 中国红树林生态系统保护空缺分析［J］. 生态学报，2019，39（02）：684-691.

② LINDGREN J P, COUSINS S A. Island biogeography theory outweighs habitat amount hypothesis in predicting plant species richness in small grassland remnants［J］. Landscape Ecology, 2017, 32（9）：1895-1906.

③ KEITH D A, RODRÍGUEZ J P, RODRÍGUEZ-CLARK K M, et al. Scientific foundations for an IUCN Red List of Ecosystems［J］. Plos One, 2013, 8（5）：e62111.

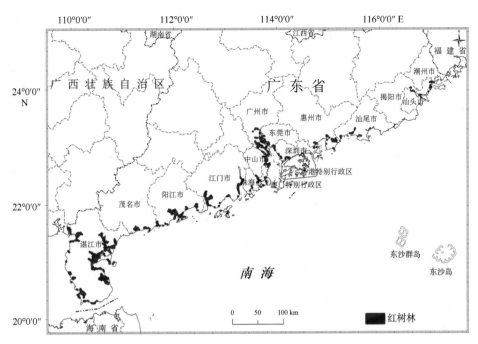

图 3-1　广东省红树林生态系统分布示意

表 3-1　广东省红树林生态系统面积统计　　　　　　　　单位：hm²

| 市县名 | 红树林面积 | 红树林面积占比（%） |
|---|---|---|
| 湛江市 | 6903.76 | 57.87 |
| 茂名市 | 400.39 | 3.36 |
| 阳江市 | 986.79 | 8.27 |
| 江门市 | 1467.35 | 12.30 |
| 珠海市 | 707.20 | 5.93 |
| 中山市 | 147.57 | 1.24 |
| 广州市 | 365.89 | 3.07 |
| 东莞市 | 98.00 | 0.82 |
| 深圳市 | 225.94 | 1.89 |
| 惠州市 | 263.88 | 2.21 |
| 汕尾市 | 66.08 | 0.55 |
| 揭阳市 | 2.67 | 0.02 |
| 汕头市 | 278.12 | 2.33 |
| 潮州市 | 15.23 | 0.13 |
| 合计 | 11 928.87 | 100.00 |

（2）盐沼生态系统

广东省盐沼生态系统呈零散分布。珠江口以西主要分布在珠海市沙沥、鹤洲、芒洲，江门市茅尾海、广海湾和镇海湾，阳江市阳江港附近、湛江市沿岸。珠江口以东主要分布在揭阳市神泉港、汕头市义丰溪等地（图3-2）。

图3-2　广东省盐沼生态系统分布示意

从广东省14个沿海市而言，珠海市盐沼面积最大，为438.89 hm$^2$，占广东省盐沼总面积的34.89%；江门市盐沼面积331.83 hm$^2$，占广东省盐沼总面积的26.38%；湛江市盐沼面积162.36 hm$^2$，占广东省盐沼总面积的12.91%；阳江市盐沼面积121.59 hm$^2$，占广东省盐沼总面积的9.67%；汕头市盐沼面积88.23 hm$^2$，占广东省盐沼总面积的7.01%；其他市盐沼面积占广东省盐沼总面积比例均小于5%（表3-2）。

表3-2　广东省盐沼生态系统面积统计　　　　　　　　　　　　　　单位：hm$^2$

| 市县名 | 互花米草 | 其他 | 总面积 | 总面积占比（%） |
|---|---|---|---|---|
| 湛江市 | 69.72 | 92.64 | 162.36 | 12.91 |
| 茂名市 | 0 | 0 | 0 | 0 |
| 阳江市 | 73.64 | 47.95 | 121.59 | 9.67 |
| 江门市 | 179.07 | 152.76 | 331.83 | 26.38 |
| 珠海市 | 0 | 438.89 | 438.89 | 34.89 |
| 中山市 | 0 | 12.13 | 12.13 | 0.96 |
| 广州市 | 0 | 42.17 | 42.17 | 3.35 |
| 东莞市 | 0 | 6.37 | 6.37 | 0.51 |
| 深圳市 | 0 | 8.96 | 8.96 | 0.71 |

续表

| 市县名 | 互花米草 | 其他 | 总面积 | 总面积占比（%） |
|---|---|---|---|---|
| 惠州市 | 0 | 1.19 | 1.19 | 0.09 |
| 汕尾市 | 0 | 12.00 | 12.00 | 0.95 |
| 揭阳市 | 0 | 26.75 | 26.75 | 2.13 |
| 汕头市 | 0 | 88.23 | 88.23 | 7.01 |
| 潮州市 | 5.52 | 0 | 5.52 | 0.44 |
| 总计 | 327.95 | 930.04 | 1257.99 | 100.00 |

（3）海草床生态系统

广东省海草床生态系统总面积 1294.52 $hm^2$，主要分布在湛江市流沙湾、珠海市唐家湾、潮州市柘林湾和汕头市澄海区（图 3–3，表 3–3）。

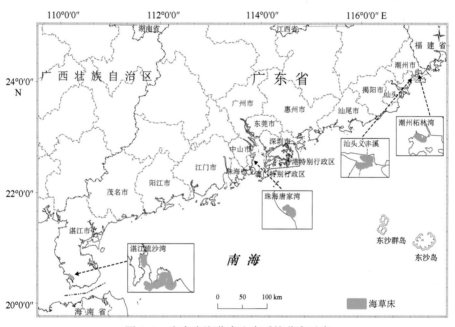

图 3–3　广东省海草床生态系统分布示意

表 3–3　广东省海草床生态系统面积统计　　　　　　　　单位：$hm^2$

| 调查区域名称 | 总面积 | 总面积占比（%） |
|---|---|---|
| 湛江市流沙湾 | 723.21 | 55.87 |
| 珠海市唐家湾 | 4.56 | 0.35 |
| 潮州市柘林湾 | 371.69 | 28.71 |
| 汕头市澄海区 | 195.06 | 15.07 |
| 总　计 | 1294.52 | 100.00 |

## 3.3 保护空缺分析

广东省海岸带蓝碳生态系统总面积 14 481.39 hm²，主要分布在湛江市、茂名市、阳江市、江门市等 14 个沿海城市。其中，在海洋生态红线内的海岸带蓝碳生态系统分布面积 11 139.33 hm²，占广东省海岸带蓝碳生态系统面积的 76.92%（表 3–4，图 3–4）。

表 3–4　广东省海洋生态红线内、外的海岸带蓝碳生态系统面积统计　　　　　　单位：hm²

| | 海洋生态红线内面积 | 海洋生态红线外面积 | 总面积 | 海洋生态红线内面积占总面积的比例（%） |
|---|---|---|---|---|
| 红树林 | 9652.58 | 2276.29 | 11928.87 | 80.92 |
| 盐沼 | 270.39（69.94）* | 987.61（258.02）* | 1258.00（327.96）* | 21.49 |
| 海草床 | 1216.36 | 78.16 | 1294.52 | 93.96 |

* 括号中数字代表互花米草的面积。

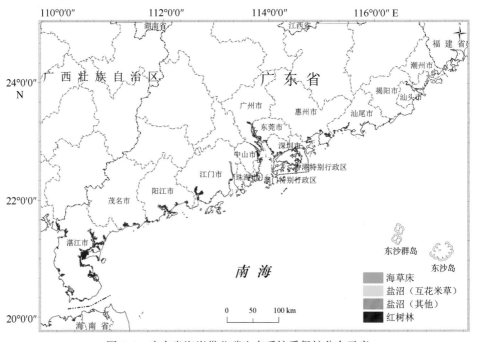

图 3–4　广东省海岸带蓝碳生态系统受保护分布示意

广东省红树林分布面积 11 928.87 hm²，在海洋生态红线内分布的面积比例为 80.92%。广东省盐沼分布面积分别为 1258.00 hm²，在海洋生态红线内分布的面积比例为 21.49%，其中互花米草在海洋生态红线内分布面积为 69.94 hm²。广东省海草床分布面积为 1294.52 hm²，在海洋生态红线内分布的面积比例为 93.96%（表 3–4）。

尽管广东省有 76.92% 的海岸带蓝碳生态系统得到保护，仍有较大面积的海岸带蓝碳生态系统存在保护空缺（图 3–5）。保护空缺程度较高的海岸带蓝碳生态系统主要分布在雷州市南渡河东侧、江门市斗门区鹤洲湿地和广州市南沙区湿地公园、龙穴岛左侧以及洪奇沥水道左侧（图3-6），未来可将这些区域推荐作为优先保护区域。

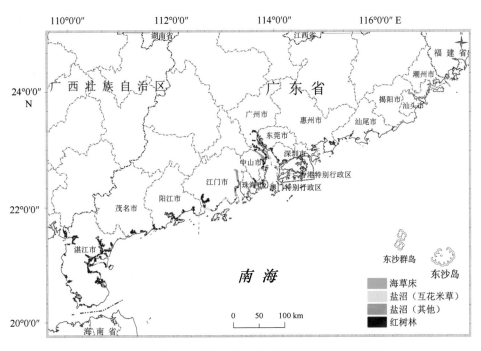

图 3-5 广东省海岸带蓝碳生态系统保护空缺分布示意

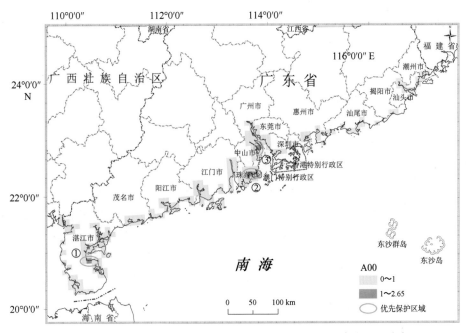

图 3-6 广东省未受到保护的海岸带蓝碳生态系统空间占有面积分布

优先保护区域：①湛江雷州湾；②珠海斗门区；③广州南沙区

# 4 广东省海洋生态保护修复及固碳增汇工程

## 4.1 广东省红树林生态修复工作概况

（1）中央资金支持海洋生态修复项目进展

广东省高度重视海洋生态保护修复工作，突出对国家重大战略的生态支撑，统筹考虑生态系统的完整性、地理单元的连续性和经济社会发展的可持续性，积极探索统筹山水林田湖草沙一体化保护和修复，持续推进"蓝色海湾"整治行动和海岸带保护修复工程等各项海洋生态修复工程。自2010—2023年，广东省共实施25项中央资金支持生态保护修复项目，其中部组建前19项，批复资金合计10.2亿元，部组建后6项，批复资金合计24.4亿元（含中央资金12.6亿元，地方资金11.8亿元）（图4–1）。

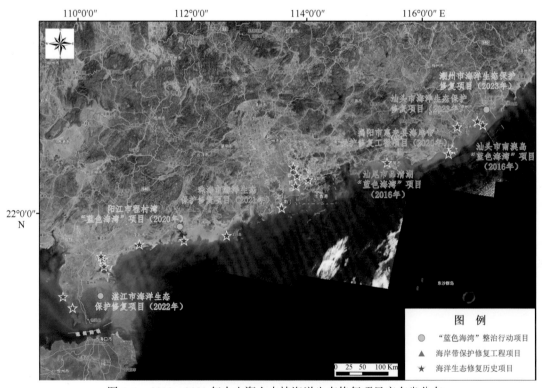

图4–1　2010—2023年中央资金支持海洋生态修复项目广东省分布

近年来，在各类海洋生态保护修复措施中，广东省紧跟中央指示精神，并发挥地方特色，重点开展红树林生态保护修复工作。在 2019—2023 年的 6 项中央资金修复项目中，共批复红树林修复面积约 654.3 $hm^2$，其中拟实施红树林种植面积 617.9 $hm^2$，截至 2023 年第三季度，6 项中央资金修复项目共完成红树种植 379.1 $hm^2$。通过开展广东省红树林生态保护修复，有效提升沿海地区红树林植被覆盖率，恢复海岸线生态生境，提高群落生产力和生物多样性；增强了沿海地区抵御海洋灾害、防止海岸侵蚀的能力，改善水产养殖业环境，推动区域可持续发展；增强了广东省的固碳效益，对于早日实现"双碳"目标具有重要意义。

（2）红树林保护修复行动计划推进情况

广东省有条不紊地推进中央资金生态修复项目，同时深入贯彻落实生态文明建设重大战略部署，紧紧遵照习近平总书记"一定要尊重科学、落实责任，把红树林保护好"的重要指示精神，落实《红树林保护修复专项行动计划（2020—2025 年）》文件要求，编制《广东省红树林保护修复专项行动计划实施方案》，明确到 2025 年，广东省科学营造红树林 5500 $hm^2$，以及修复现有红树林 2500 $hm^2$ 的任务。

为系统部署全省红树林保护修复工作，切实保障按时保质完成国家下达任务，广东省自然资源厅和广东省林业局联合组织编制《广东省红树林保护修复专项规划》（以下简称《规划》）（图 4-2）。《规划》系统地总结了广东红树林资源现状、保护修复成效及主要存在的问题，提出了广东红树林保护修复目标、总体布局和主要任务，明确规划范围包括广

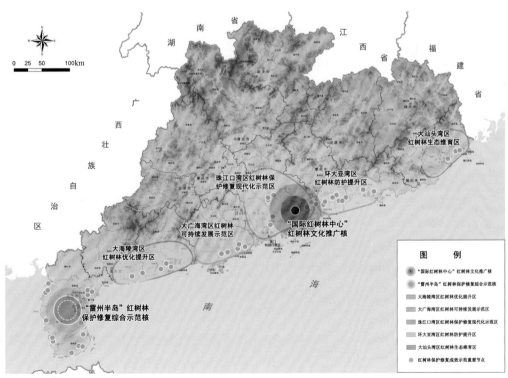

图 4-2　广东省红树林保护修复总体布局

图源：《广东省红树林保护修复专项规划》

东省沿海 14 个地级及以上市现有红树林和红树林适宜恢复地，到 2025 年，在现状红树林范围外营造红树林不少于 5500 hm²，修复现有红树林不少于 2500 hm²，新建 4 个万亩级红树林示范区，红树林保有量达 $1.61 \times 10^4$ hm²。

同时，《规划》重点部署了统筹完善红树林保护修复机制、系统强化红树林整体保护、科学实施红树林营造修复等七大主要任务，以及红树林保护工程和红树林质量提升工程等六项重点工程。《规划》细化了分解了红树林营造修复任务，主要红树林造林地市为湛江市 2813 hm²、阳江市 950 hm²、珠海市 522 hm² 以及汕尾市 470 hm²；主要红树林修复地市为湛江市 1370 hm²、江门市 178 hm²、汕头市 169 hm² 以及广州市 160 hm²。经估算，落实广东省红树林保护修复规划重点工程建设共需资金投入 43.3828 亿元。《规划》的发布有效为科学提高红树林生态系统质量、全面提升沿海生态安全保障能力、增强蓝碳生态系统建设提供解决方案。

本章选取广东省典型的蓝湾及海岸带生态修复工程，按照国际国内的异速生长方程等进行固碳增汇潜力预测。

## 4.2 珠海市淇澳岛红树林生态修复工程

（1）项目修复内容

广东珠海淇澳—担杆岛省级自然保护区位于粤港澳大湾区生态廊道的中心地带，保护区内湿地总面积约 5103.77 hm²，红树林现有林地面积约 500 hm²。自 1999 年开始，珠海市组织中国林业科学研究院热带林业研究所等相关单位开始对治理互花米草、恢复淇澳红树林进行艰苦探索与研究。科研人员使用了物理割除、化学除草试剂喷杀、多种本地红树植物替代等多种办法，但由于互花米草适应力强、繁殖速度快，均无见效。经过实地调研和反复对比试验，科研人员找到了利用人工引入速生红树植物控制互花米草的方法。历经 15 年造林恢复，成功将淇澳岛的互花米草面积由 1998 年的 260 hm² 降为 2013 年的 1 hm²，红树林面积由 32 hm² 增加到 500 hm²，成为国内最早开展人工恢复连片面积最大的红树林。随着红树林的不断恢复，一些乡土树种也逐渐在林下自然更新，在此基础上，科技人员还不断探索控制互花米草草害后红树林的林分林相改造，在林中套种木榄、桐花树等耐荫乡土红树植物，人工促进红树林复层林林分结构的形成，加强生态系统的稳定性，促进并维持生态系统健康（图 4-3，图 4-4）。

淇澳红树林湿地大面积恢复，其生态环境得到极大的改善，生态产品供给能力也持续提高。淇澳岛的红树植物由原来的 5 种增加至 30 种，大型底栖动物由 16 种增加至 64 种，鸟类由 99 种增加至 182 种，其中国家二级重点保护的鸟类有 22 种，包括黑脸琵鹭、褐翅鸦鹃、鹗、黑耳鸢等，生物多样性保护成效显著。淇澳红树林作为第一道生态防护屏障，在一些特大台风袭击之时，有效地保护了淇澳岛居民的生命财产安全，取得巨大生态效益。

图 4-3  珠海淇澳红树林（一）（摄影 黄铀佳）

图源：广东珠海淇澳 - 担杆岛省级自然保护区

图 4-4  珠海淇澳红树林（二）

图源：广东珠海淇澳 - 担杆岛省级自然保护区

　　淇澳红树林保护区还与国内知名高等院校、科研机构等各单位共建科教实训基地、干部生态教育现场教学基地、红树林湿地自然课堂和科技服务站，成为社会各界生态知识及科普教育的理想场所。每年组织包括红树林知识普及、海洋环境保护教育、海洋垃圾清理等大型公益科普教育活动，取得了良好的社会效益。

（2）碳汇核算

根据华南师范大学一项关于淇澳岛无瓣海桑植被碳储量变化的研究[①]显示，2019年无瓣海桑固碳速率为 28.06 t /（hm² · a），植被碳储量为 55 969.24 t，单位面积植被碳储量为168.38 t/hm²。

该调查基于多年高分辨率遥感影像和野外实测样方数据，对 1999—2019 年期间淇澳岛无瓣海桑的植被碳储量及固碳速率进行了定量计算。研究步骤包括遥感影像处理、红树林面积提取、生物量反演等，而野外实测的无瓣海桑中树干、树枝、树叶、树根、树皮、花果的生物量分别用各自的异速生长方程确定。预测结果显示淇澳岛无瓣海桑在 1999—2003 年、2003—2009 年、2009—2013 年、2013—2019 年间的固碳速率呈递增趋势，其中，2013—2019 年的固碳速率为 28.06 t /（hm² · a）。同样地，在 2003 年、2009 年、2013 年、2019 年无瓣海桑的植被碳储量呈持续增长趋势，其中，2019 年植被碳储量为 55 969.24 t，单位面积植被碳储量为 168.38 t / hm²。

土壤固碳量方面，根据 2018 年 6 月中国林业科学研究院热带林业研究所开展的一项调查[②]，淇澳岛 0 ~ 30 cm 深度土壤有机碳含量（有机碳质量比以 g/kg 表示）分别如下：5 a 林龄无瓣海桑群落区为 40.0 g/kg、10 a 林龄无瓣海桑群落区为 62.3 g/kg、15 a 林龄无瓣海桑群落区为 87.6 g/kg。该调查发现，在 0 ~ 15 cm 深度土层，无瓣海桑 + 木榄群落下土壤有机碳质量比最大，为 74.4 g/kg，秋茄群落区、无瓣海桑 + 桐花树群落区、桐花树群落区、互花米草沼泽和光滩的土壤有机碳含量依次减小；在 15 ~ 30 cm 深度土层，无瓣海桑 + 木榄群落下土壤有机碳质量比最大，为 55.8 g/kg，无瓣海桑 + 桐花树群落区、秋茄群落区、桐花树群落区、互花米草沼泽和光滩的土壤有机碳含量依次减小。人工种植红树能显著提高土壤中有机碳的含量，并且混交林区的土壤有机碳含量较高。

# 4.3　湛江市海洋生态保护修复项目

（1）项目介绍

广东省沿海地区是我国海岸带生态系统类型最丰富的区域之一。在众多沿海城市中，湛江蕴藏着丰富多样的海洋生物资源、海洋旅游资源、渔业资源、海湾资源和海岛资源，涵盖了红树林、珊瑚礁、盐沼等多种海岸带生态系统。项目区域现有红树林面积约750 hm²，红树群落的分布呈不连续的特点，通常位于海湾及入海河口附近，同时在沿海养殖池塘的进排水沟、池塘岸基、废弃池塘内，均见零散的红树群落出现。红树群落多为灌木林或小乔木林，乡土红树林树种一般高 3 m 以内，最高达 6 m，尤其是东海岸近海口的海湾受风浪影响较大，加上盐度较高，导致以白骨壤为代表的乡土红树高度偏小，一般

---

①　孙学超，黄展鹏，张琼锐，等.珠海淇澳岛人工次生无瓣海桑纯林的植被碳储量变化［J］.华南师范大学学报（自然科学版），2022，54（04）：89–100.

②　徐耀文，廖宝文，姜仲茂，等.珠海淇澳岛红树林、互花米草沼泽和光滩土壤有机碳含量及影响因素［J］.湿地科学，2020，18（01）：85–90.

没有分层现象（或分层不明显），树冠的宽度大于高度，覆盖度最高达到60%。针对项目区域红树林受人为破坏导致资源面积减少，呈破碎化分布、自然灾害频发造成海岸侵蚀严重的生态问题，项目坚持"尊重自然、生态优先"的原则，遵循项目区自然规律和生态系统特征，采用近自然的修复措施，因地制宜地解决项目区存在的生态环境问题（图4-5～图4-7）。

图4-5　红树林（摄影 冯尔辉）

图4-6　红树林下的科普道路

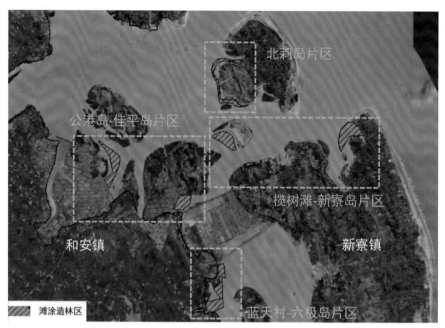

图4-7　红树林滩涂造林区域

图源：《2022年湛江市海洋生态保护修复项目实施方案》，自然资源部第三海洋研究所

通过在湛江红树林保护区徐闻东海岸开展508 hm² 红树林修复滩涂造林，整合和修复破碎化的红树林资源，充分发挥红树林生态系统维持生物多样性、消浪护岸等生态功能。

（2）碳汇核算

方法一：依据2021年由自然资源部第三海洋研究所与广东湛江红树林国家级自然保护区管理局合作完成广东湛江红树林造林项目，该项目将保护区范围内2015—2019年期间种植的380 hm² 红树林，按照核证减排标准（Verified Carbon Standard, VCS）和气候、社区和生物多样性标准（Climate, Community and Biodiversity Standards, CCB）标准进行开发，是我国首个符合VCS和CCB的红树林碳汇项目，为我国开发的首个蓝碳交易项目。预计在2015—2055年间产生 $16 \times 10^4$ t $CO_2$ 减排量。参照该项目，每公顷红树林可固定10.5 t $CO_2$。2022年，湛江海洋生态保护修复项目种植红树林约508 hm²，预计每年可固定5347 t $CO_2$[1]。

方法二：依据2021年12月广东省土地调查规划院碳储量调查[2]，预测2022年湛江海洋生态修复项目红树林生态系统碳储量约59 364.88 Mg（t），减排 $CO_2$ 217 869.1 Mg（t）。

该调查通过红树植被、红树植物碳储量、沉积物碳储量、凋零物碳储量来评估红树林生态系统碳储量。其中，对红树植被地上和地下生物量调查采用各自的植物异速生长方程进行计算。结果显示：断面3（站位7、站位8、站位9）（图4-8）碳密度为116.86 Mg / hm²（以C计），其中植被碳储量约为47.9 Mg / hm²（以C计），沉积物碳储量为68.83 Mg / hm²（以

---

①　引自"2022年湛江市海洋生态保护修复项目实施方案"，自然资源部第三海洋研究所。

②　2021年广东湛江红树林生态系统碳储量调查评估报告，广东省土地调查规划院。

C 计），凋落物碳储量为 0.13 Mg / hm² （以 C 计），该结果在陈鹭真等人翻译[①] 的红树林密度范围 55～1376 Mg/hm²（以 C 计）之内。因断面 3 主要红树树种为秋茄、木榄、白骨壤与 2022 年湛江海洋生态保护修复中红树林种植区域树种较相近，因此通过其样地碳密度进行碳汇预估。

图 4-8　广东湛江高桥红树林调查站位示意

## 4.4　考洲洋生态修复和固碳增汇工程

（1）项目介绍

考洲洋位于惠州市惠东县稔平半岛南部，其主要为海湾向陆延伸的溺谷湾，属于半封闭水体，其海岸线长 65.3 km，具有极为丰富的滩涂资源以及优越的水域条件，滩涂主要是泥质，面积 1373 hm²，水域面积 28.6 km²。考洲洋被称为稔平半岛之"心"，惠州"城市之肾"。此地历史上河道纵横，多条河流蜿蜒而过，海水与淡水的交汇，变成海中有岛（稔平半岛），岛中有洋（考洲洋），洋中有岛（盐洲岛）的极为特殊的地理环境。

考洲洋历史上曾是粤东地区红树林的主要分布区，属于典型的红树林生态系统。然而，受早期居民围海养殖需要，乱砍滥伐红树林，导致红树林生态系统功能日渐退化[②]。自 2010 年广东省开始实施的海岸带整治及生态修复工程项目，其中惠州考洲洋区域海岸带整治、生态修复工程是广东省实施美丽海湾建设工程的重要试点项目，项目通过人工干预与

---

① 陈鹭真，卢伟志，林光辉，等（主译），滨海蓝碳：红树林、盐沼、海草床碳储量和碳排放因子评估方法．厦门：厦门大学出版社，2019.

② 鄢春梅，李文凤，谢绍茂．基于美丽海湾建设背景下考洲洋海岸带整治与生态修复实践［J］．广东园林，2021，43（3）：61-65.

自然恢复相结合的方式，对考洲洋湿地因地制宜地开展红树林湿地营造及鸟类栖息地构建工程，全面提升该重点海湾生态环境状况和海岸立体生态防护功能[①]。截至2018年，考洲洋已开展滩涂整治200 hm²，完成红树育苗750万株，种植红树500万株。

目前，考洲洋全域内红树林长势良好，新修复的主要树种有红海榄、白骨壤、秋茄及新引种的无瓣海桑等，考洲洋已成为惠州乃至广东的一张生态名片。通过以考洲洋作为生态修复试点开展红树林生态修复效果及碳汇潜力评估，不仅可以丰富红树林生态修复成效评价内容，还有助于国家实现碳达峰、碳中和战略目标的实现。

（2）生态修复效果

为有效评估考洲洋红树林生态修复工程的实施效果，参考《红树林生态监测技术规程》（HY/T 081—2005），根据红树林的分布区域及可达性，对红树林的分布及群落特征（面积及分布、种类、植株密度、株高、胸径、基径等）开展现场调查，采集植被样方内及光滩区域50 cm深的表层沉积物，开展有机碳、容重等参数分析，具体的调查站位点分布见图4–9，每个样点设置3个平行样方。

图4–9　考洲洋红树林生态系统调查样点布设

① 周文莹，张入匀，李艳朋，等．粤港澳大湾区不同类型湿地水鸟群落物种多样性和越冬水鸟栖息地重要性评价［J］．湿地科学，2021，19（2）：178.

①红树林修复面积、分布及种类

采用 GIS 对遥感影像进行空间分析，计算新修复及原生红树林的总面积，具体结果见表 4-1。结果显示，考洲洋红树林修复总面积约 101.66 hm$^2$，主要分布在好招楼湿地公园（HZL，修复面积约 19.23 hm$^2$）、吉盐公路靠海侧（JY1/JY2，修复面积约 14.17 hm$^2$）、盐洲大桥两侧（YZ，修复面积约 63.23 hm$^2$）、盐洲岛白沙村（BSD/BSW，修复面积约 4.83 hm$^2$）以及横石湾（HSW，修复面积约 0.2 hm$^2$），修复的树种主要以红海榄、白骨壤、秋茄和无瓣海桑为主。此外，在白沙村（BSB）还分布有一片天然的原生林，树种主要以白骨壤为主，伴有少量的红海榄和木榄出现。考洲洋红树林种植效果见图 4-10。

表 4-1　考洲洋调查点典型红树植物分布、修复面积及林龄统计

| 地点 | 主要树种 | 原生 / 新种植 | 修复面积（hm$^2$） | 种植年份 | 高程（m） |
|------|----------|---------------|-------------------|----------|-----------|
| JY1 | 红海榄、白骨壤、秋茄 | 新种植 | 10.18 | 2020 | 0.44 |
| JY2 | 红海榄 | 新种植 | 3.99 | 2017 | 1.34 |
| YZ | 秋茄、红海榄 | 新种植 | 63.23 | 2021 | — |
| BSD | 红海榄、白骨壤 | 新种植 | 0.82 | 2017 | 0.67 |
| BSB | 白骨壤、红海榄、木榄 | 原生 | 2.1 | — | 0.72 |
| BSW | 无瓣海桑 | 新引种 | 4.01 | 2012 | 0.81 |
| HSW | 秋茄、白骨壤、红海榄 | 新种植 | 0.2 | 2012 | — |
| HZL | 白骨壤，红海榄，无瓣海桑、秋茄等 | 新种植 | 19.23 | 2018 | — |

图 4-10　考洲洋红树林修复效果（摄影 李兀）

②种群密度

统计调查样地内所有红树树种的数量，相加汇总除以样方面积计算种群密度值。调查结果显示，考洲洋不同区域的红树群落种群密度有明显差异，JY1 和 JY2 样地的红海榄种群密度分别为 3160 株 /hm² 和 10 833 株 /hm²，BSD 样地的红海榄种群密度为 9733 株 /hm²，与 JY2 样地较为接近，HSW 样地的秋茄群落种群密度为 5400 株 /hm²，YZ 样地的幼苗群落种群密度为 8000 株 /hm²，但 BSW 样地的无瓣海桑种群密度仅为 367 株 / hm²，与 BSB 样地的原生白骨壤群落种群密度较为接近，红树林种群密度数据比较结果详见图 4–11（a）。

③平均胸径

统计样方内所有植株的胸径，通过数据处理加权平均获得所有样地植株的平均胸径，结果显示不同位置和树种的平均胸径有明显差异。BSW 样地的无瓣海桑平均胸径最高，为 13.82 cm，JY1 和 JY2 样地的胸径分别为 2.49 cm，3.79 cm，JY2 样地明显高于 JY1 样地。HSW 样地的平均胸径分别为 6.81 cm，高于 BSD 样地的平均胸径（3.12 cm）。BSB 样地原生白骨壤的平均胸径为 12.94 cm，不同样地的平均胸径见图 4–11（b）。

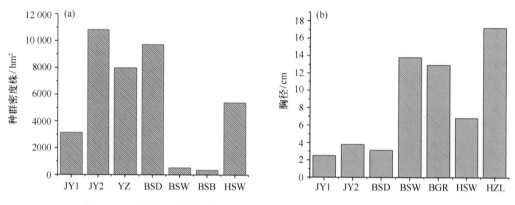

图 4–11　不同调查样点红树林群落的种群密度（a）和平均胸径（b）

（3）红树林生态修复工程增汇量评估

①增汇量计算方法

参照《海洋碳汇核算方法》（HY/T 0349—2022）、《蓝碳生态系统保护修复项目增汇成效评估技术规程》中关于红树林生态修复增汇量的计算方法，项目增汇量等于红树林现有碳汇量减去修复前碳汇量（基线碳汇量）。

项目碳汇量等于生物量碳库变化、死有机物质碳库变化和沉积物碳库变化之和公式（4–1），植被增汇量和沉积物增汇量可分别通过公式（4–2）和公式（4–3）计算

$$\Delta C_P = \Delta C_B + \Delta C_{SO} + \Delta C_{DOM} \qquad (4\text{--}1)$$

式中：$\Delta C_P$ 为研究区域净碳汇量，t（以 C 计）；$\Delta C_B$ 为生物量碳库变化量，是地上生物

量（AGB）和地下生物量（BGB）的碳库变化之和，t（以 C 计）；$\Delta C_{SO}$ 为沉积物碳库变化量，t（以 C 计）；$\Delta C_{DOM}$ 为死有机物质碳库变化量，t（以 C 计），由于此部分值远低于植被和沉积物碳库，本研究中该值默认为 0。

$$\Delta C_B = \sum_{1}^{n}\left[\left(D_{AGB\,t2}-D_{AGB\,t1}\right)\times A_i\right]+\sum_{1}^{n}\left[\left(D_{BGB\,t2}-D_{BGB\,t1}\right)\times A_i\right] \qquad (4\text{-}2)$$

式中：$\Delta C_B$ 为红树林生物量净碳汇量，t（以 C 计）；$D_{AGB\,t2}$，$D_{BGB\,t2}$ 为区域各红树植被类型在计量年的地上植被碳密度、地下植被碳密度，t / hm$^2$（以 C 计）；$D_{AGB\,t1}$，$D_{BGB\,t1}$ 为区域各红树植被类型在基线年的地上植被碳密度、地下植被碳密度，t / hm$^2$（以 C 计），由于考洲洋红树林修复前为裸滩 / 光滩区域，修复前的植被碳密度量默认为 0。$A_i$：各红树植被类型面积，hm$^2$。

$$\Delta C_{SO} = \left(C_{SOR}-C_{SOB}\right)\times A_i \qquad (4\text{-}3)$$

式中：$\Delta C_{SO}$ 为沉积物净碳汇量，t（以 C 计）；$C_R$ 为修复后沉积物碳密度；$C_B$ 为光滩碳密度。

②红树林生态修复工程增汇量评估

根据上述计算方法，红树林生态修复工程的增汇量等于植被增汇量和沉积物增汇量之和。由于修复前为光滩，植被增汇量可通过现有植被碳储量评估，沉积物增汇量通过库差别法计算。

植被增汇量：结合外业调查获取的样方内树种、株高及胸径 / 基径等参数，选取特定树种的异速生长方程，计算每株植被的地上及地下生物量，计算结果见图 4-12（a~c）。选取特定的碳转换系数（地上植被：0.45；地下植被：0.39）对各树种的生物量进行转换计算植被碳密度。结果表明，不同红树林植物群落的植被碳密度分布情况与生物量的分布差异基本一致，见图 4-12（d~f）。在调查区域的红树林群落中，JY2 样地的红海榄群落具有最高的碳密度，地上、地下及植被总碳密度分别为（30.65 ± 4.74）t/hm$^2$，（14.41 ± 1.57）t/hm$^2$，（45.06 ± 6.29）t/hm$^2$。BSW 样地的无瓣海桑群落地上、地下及植被总碳密度分别为（27.52 ± 4.90）t/hm$^2$、（5.85 ± 0.38）t/hm$^2$、（33.37 ± 5.22）t/hm$^2$，低于 JY2 样地和 BSB 样地，与 BSD 样地的红海榄群落碳密度较为接近（20.34 ± 4.47）t/hm$^2$、（10.22 ± 1.09）t/hm$^2$、（30.56 ± 5.55）t/hm$^2$。YZ 样地的幼苗群落碳储量最低，仅为（0.26 ± 0.06）t/hm$^2$。

结合修复面积（表 4-1），定量评估了红树林植被增汇量，红树林生态修复工程植被增汇量可达 987.04 t（以 C 计），其中 HZL 样地的增汇量最大，为 504.93 t（以 C 计），其次为 JY2 样地和 JY1 样地的红海榄群落，植被增汇量分别为 179.78 t（以 C 计）、125.66 t（以 C 计），BSW 样地的无瓣海桑群落植被增汇量为 133.81 t（以 C 计），HSW 样地由于修复面积较小，其植被增汇量仅为 1.99 t（以 C 计）。YZ 样地尽管修复面积大，但由于植被较小，生产力较低，仅为 15.81 t（以 C 计）。

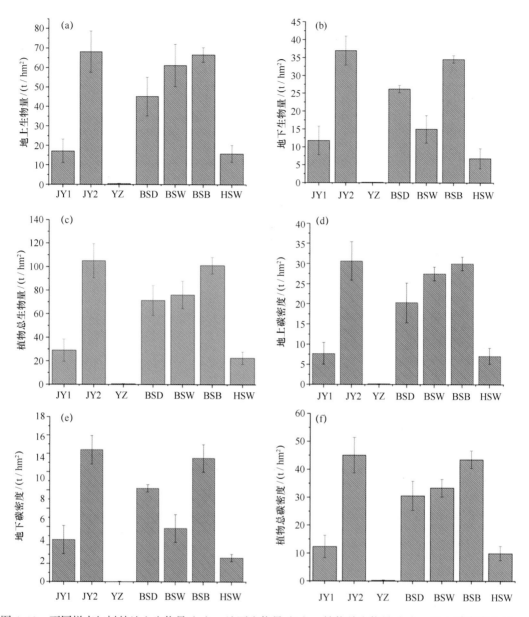

图4-12 不同样点红树林地上生物量（a），地下生物量（b），植物总生物量（c），地上碳密度（d），
地下碳密度（e）及植被总碳密度（f）

沉积物增汇量：通过分析沉积物有机碳、容重及分层厚度等参数，计算了光滩与红树林沉积物碳密度及碳储量，沉积物增汇量通过修复后土壤碳储量与光滩碳储量差值计算。结果显示，修复区红树林的土壤碳密度均显著高于光滩区域（52.63 ± 9.31）t/hm²（以C计），但低于原生林的土壤碳密度，见图4-13（a）。其中BSW样地的无瓣海桑群落沉积物碳密度为（110.64 ± 22.67）t/hm²（以C计），JY1及JY2样地的红海榄群落沉积物碳密度分别为（74.10 ± 2.68）t/hm²（以C计），（88.54 ± 2.52）t/hm²（以C计），BSW样地的秋茄群落沉积物碳密度为（85.00 ± 6.73）t/hm²（以C计），与JY1、JY2样地的沉积物碳密度近似。

结合修复面积，修复区沉积物总增汇量可达 2110.02 t（以 C 计）。不同修复区域沉积物的增汇量如下，HZL 和 YZ 样地沉积物增汇量分别为 851.08 t（以 C 计）、642.21 t（以 C 计），JY1、JY2 和 BSW 样地沉积物增汇量分别为 218.57 t（以 C 计）、143.30 t（以 C 计）、232.63 t（以 C 计），BSD 和 HSW 样地由于修复面积低，增汇量仅为 15.76 t（以 C 计）、6.47 t（以 C 计），见图 4-13（b）。

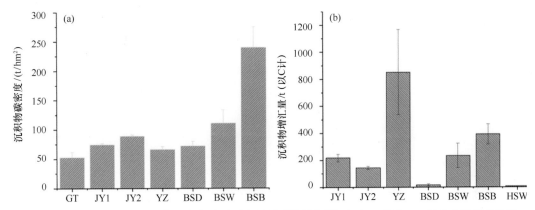

图 4-13　不同样点红树林沉积物碳密度（a）和沉积物增汇量评估（b）；其中 GT 代表未修复的光滩，BSB 样点为原生的白骨壤群落，其余为新修复区域

红树林生态修复工程增汇量评估：通过植被和沉积物增汇量计算结果，考洲洋红树林生态修复工程的增汇量可达 3097.06 1 t（以 C 计），其中沉积物的增汇量［2110.02 t（以 C 计）］远高于植被增汇量［1048.67 t（以 C 计）］。不同区域由于红树林面积及碳密度差异，其增汇量差异显著，HZL 及 YZ 样地的增汇量最高，分别为 1147.15 t（以 C 计）、866.88 t（以 C 计），JY1、JY2 及 BSW 区域的增汇量分别为 344.23 t（以 C 计）、323.08 t（以 C 计）、366.44 t（以 C 计），BSD 及 HSW 区域由于红树林修复面积小，增汇量仅为 40.81 t（以 C 计）、8.47 t（以 C 计），具体见图 4-14。

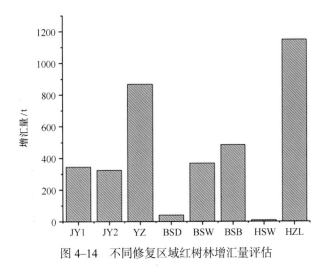

图 4-14　不同修复区域红树林增汇量评估

（4）红树林生态修复增汇量与天然林对比

考洲洋除大面积新修复的红树林外，在盐洲岛白沙村还分布有一片天然林，面积约 2.1 hm²，树种主要以高大的白骨壤为主，伴有红海榄和少量的木榄。结合现场调查获取的植被及沉积物参数，对原生林的植被及沉积物碳密度进行分析。

结果表明，BSB 样地的原生白骨壤群落地上、地下及植被总碳密度分别为（30.00 ± 1.67）t/hm²、（13.49 ± 1.50）t/hm²、（43.49 ± 3.10）t/hm²，与新修复的 J2 样点和 BSW 样点碳密度接近 [图 4–12（d~f）]，沉积物碳密度为 239.37 t/hm²，远高于光滩及新修复区沉积物碳密度 [图 4–13（a）]。原生林总碳密度约 282.86 t/hm²（以 C 计），为修复区沉积物碳密度的 2.2 ~ 3.2 倍，表明在修复初期沉积物有机碳的积累要明显低于植被[1]。

---

[1]　陈顺洋，安文硕，陈彬，等. 红树林生态修复固碳效果的主要影响因素分析 [J]. 应用海洋学学报，2021，40（1）：34–42.

# 5 蓝碳生态系统碳储量调查方法

红树林、海草床和盐沼作为海岸带典型的蓝碳生态系统，尽管覆盖面积不足海床的0.5%，在捕获和储存的有机碳占海洋沉积物中碳储存量的50%～71%[①]。有效评估海岸带蓝碳生态系统的固碳潜力，是制定减排增汇措施的重要手段，也是各国应对气候变化的理论依据，更是我国实现碳达峰、碳中和目标的重要基础。

蓝碳生态系统碳库组成包括植被碳库（地上植被、地下植被）、凋落物碳库和沉积物碳库（图5-1～图5-3），本章参考《海岸带生态系统现状调查与评估技术导则》《滨海蓝碳：红树林、盐沼、海草床碳储量和碳排放因子评估方法》《红树林湿地生态系统固碳能力评估技术规程》等行业标准对红树林、海草床、盐沼生态系统碳储量调查方法分别进行论述。

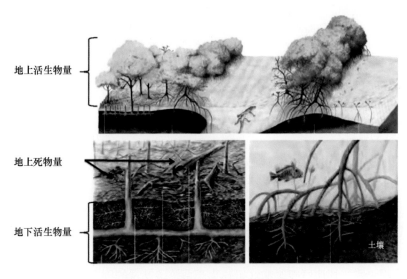

地上活生物量

地上死物量

地下活生物量

土壤

图5-1　红树林生态系统碳库组成

图源：陈鹭真、卢伟志、林光辉，等（主译）. 2019. 滨海蓝碳：红树林、盐沼、海草床碳储量和
碳排放因子评估方法. 厦门：厦门大学出版社

---

① DUARTE C M, MIDDELBURG J J, CARACO N, 2005. Major role of marine vegetation on the oceanic carbon cycle［J］. Biogeosciences, 2:1–8.

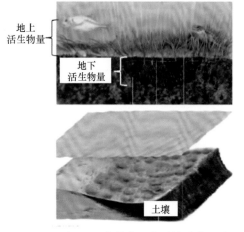
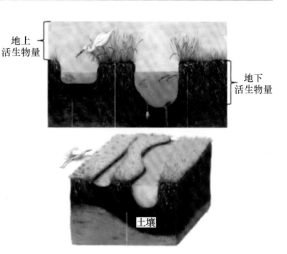

图 5-2　海草床生态系统碳库组成　　　图 5-3　盐沼生态系统碳库组成

## 5.1　红树林生态系统碳储量调查方法

红树林生态系统碳储量调查过程分为前期准备、现场调查、样品分析、结果评估 4 个阶段。前期准备包括收集调查区红树林相关文献资料，结合遥感影像识别结果和现场踏勘编制调查方案及准备外业调查设备等；现场调查是开展碳储量调查最重要的环节，主要是在野外收集一手的调查信息及样品；样品分析是对现场采集带回实验室的植被样品、土壤样品进行分析，包括样品前处理、仪器分析、分析结果整理等步骤；结果评估指根据遥感解译、现状调查和样品分析等工作，开展调查区红树林生态系统碳储量估算。

（1）调查方案

①调查范围及分区

调查范围应根据调查目的和调查对象确定，原则上与红树林分布范围一致。红树林分布范围宜通过地图、海图、地形图、航空或卫星遥感影像以及文献、历史调查资料确定。

调查分区：在调查区红树林群落特征或地形地貌差异明显时，需按照异质性情况将调查区划分为若干调查分区。参考划定为同一调查分区的红树林应符合主要植被种类及群落特征一致、地形地貌一致、其他可能影响红树林生态系统碳储量的因素一致。调查分区的划分可结合遥感解译、无人机航拍、现场踏勘及其他调查资料进行，对于存在多种不同红树群落类型的调查区，调查分区应尽可能多地覆盖调查区内的所有主要红树群落类型，每种红树植被群落设置不少于 1 个分区。对于相连呈片状生长的红树林，以 50～300 hm$^2$ 设置 1 个分区为宜。对于群落类型较单一，但面积较大的调查区，按表 5-1 的要求设置调查分区。

表 5-1  单一群落类型红树林调查分区数量设置要求

| 红树林岸线长度 /km | 分区数量 |
|---|---|
| ≤ 0.3 | ≥ 1 个 |
| >0.3 ~ ≤ 2 | ≥ 2 个 |
| >2 | 个 /km，≥ 2 个 |

②调查内容

红树林生态系统碳储量调查包括植被碳储量、沉积物碳储量和凋落物碳储量。其中，植物碳储量包括地上植物碳储量和地下植物碳储量，地上植物碳储量主要指地上活体植被中储存的有机碳总量，地下植物碳储量主要指植物根系中储存的有机碳。具体调查内容及方式见表 5-2。

表 5-2  红树林生态系统调查内容

| 调查内容 | 调查要素 | 调查方式 | 调查方法 |
|---|---|---|---|
| 红树植被 | 面积、物种、植株密度株高、胸径（或基径） | 面积为遥感调查，其他要素为现场调查 | 现场调查 |
| 红树植被碳密度 | 地上生物量碳密度、地下生物量碳密度 | 现场调查、室内分析 | 异速生长方程计算生物量，结合碳转换系数计算植被碳密度 |
| 沉积物碳密度 | 沉积物粒度、沉积物总有机碳、容重 | 现场调查、室内分析 | 分析样品有机碳、容重等，计算碳密度 |
| 凋落物碳密度 | 凋落物碳密度 | 现场调查、室内分析 | 烘干 |

③调查站位布设

调查站位布设应尽量符合以下要求：应满足调查目的及准确度的要求，应覆盖所有调查分区，并反映各分区的生态特征，优先选择干扰少的位置布设，地上生物量、地下生物量样方应一致，尽量减小对红树林生态系统的干扰和破坏。

布设方法应每个分区结合离岸距离和林带宽度设置调查站位，站位应能代表所在分区的红树群落类型，每个分区设置 3 个站位，每个调查站位设置 1 个 10 m×10 m 的调查样方（图 5-4，图 5-5），各样方红树植被密度和生长情况应尽量相似，样方内植株密度不宜过密或过疏。若站位所在区域的红树群落以灌木为主或植株密度过高，可改为 5 m×5 m 的固定样方。

图 5-4  惠东红树林现场调查

图 5-5  湛江红树林现场调查

（2）现场调查

现场调查内容包括红树林的分布与面积、群落特征及各部分碳库碳密度的计算。红树林分布和面积可通过遥感识别与现场核查方法获取。红树植被其他调查要素采用现场调查，调查样方内所有红树植物的物种、数量、株高、胸径（或基径）。

植物碳密度：红树植物地上生物量、地下生物量结合特定树种的异速生长方程估算（表5–3），结合地上、地下碳转换系数，计算地上植被及地下植被碳密度。

表5–3　常见红树植物地上和地下生物量的异速生长方程和通用方程

| 树种 | 拉丁名 | 地上生物量 | 地下生物量 | 研究地区 |
|---|---|---|---|---|
| 桐花树[①] | *Aegiceras corniculatum* | $W_{top} = 0.02039 \times (D_0^2 H)^{0.83739}$ <br> ($R^2 = 0.99$, $n = 18$, $D_{max} = 9.2$ cm) | — | 广西龙门岛 |
| 秋茄[②③] | *Kandelia obovata* | $W_{top} = 0.0341 \times (D_0^2 H)^{1.03}$ <br> ($R^2 = 0.98$, $n = 13$, $D_{max} = 19.42$ cm) | $W_R = 0.0483 \times (D_0^2 H)^{0.834}$ <br> ($R^2 = 0.97$, $n = 13$, $D_{max} = 19.42$ cm) | 日本冲绳岛 |
| | | $W_{top} = 0.05698 \times D_0^2 - 0.295595$ <br> ($R^2 = 0.958$) | $W_R = 0.009685 \times (D_0^2 H) + 0.108358$ <br> ($R^2 = 0.928$) | 广西钦州湾 |
| 木榄 | *Bruguiera gymnorrhiza* | | | |
| 海莲 | *Bruguiera sexangula* | $W_{top} = 0.186 \times D^{2.31}$ <br> ($R^2 = 0.99$, $n = 17$, $D_{max} = 25$ cm) | $W_R = 0.0188 \times (D^2 H)^{0.909}$ <br> ($R^2 = 0.99$, $n = 17$, $D_{max} = 25$ cm) | 澳大利亚 |
| 尖瓣海莲 | *Bruguiera sexangula* var. *rhynchopetala* | | | |
| 红海榄[④⑤] | *Rhizophora stylosa* | $W_{top} = 0.2206 \times D^{2.4292}$ | $W_R = 0.261 \times D^{1.86}$ | 泰国、法属圭亚那 |
| 白骨壤[⑥] | *Aricennia marina* | $W_{top} = 0.308 \times D^{2.11}$ <br> ($R^2 = 0.97$, $n = 22$, $D_{max} = 35$ cm) | $W_R = 0.235 \times D^{1.17}$ <br> ($R^2 = 0.80$, $n = 22$, $D_{max} = 35$ cm) | 澳大利亚 |
| | | $W_{top} = 0.076123 \times (D_0^2 H) - 0.222424$ <br> ($R^2 = 0.983$) | $W_R = 0.040168 \times (D_0^2 H) - 0.12623$ <br> ($R^2 = 0.903$) | 广西钦州湾 |
| 木果楝 | *Xylocarpus granatum* | $W_{top} = 0.0823 \times D^{2.59}$ <br> ($R^2 = 0.99$, $n = 15$, $D_{max} = 25$ cm) | $W_R = 0.145 \times D^{2.55}$ <br> ($R^2 = 0.99$, $n = 6$, $D_{max} = 8$ cm) | 澳大利亚 |
| 红树[⑦] | *Rhizophora apiculata* | $W_{top} = 0.235 \times D^{2.11}$ <br> ($R^2 = 0.98$, $n = 57$, $D_{max} = 28$ cm) | $W_R = 0.00698 \times D^{2.61}$ <br> ($R^2 = 0.99$, $n = 11$, $D_{max} = 28$ cm) | 马来西亚 |
| 无瓣海桑[⑧] | *Sonneratia apetala* | $W_{top} = 0.034 \times (D^2 H)^{0.966}$ <br> ($R^2 = 0.915$, $n = 25$, $D_{max} = 56.5$ cm) | $W_R = 0.003 \times (D^2 H)^{1.119}$ <br> ($R^2 = 0.948$, $n = 25$, $D_{max} = 56.5$ cm) | 广东 |
| 榄李[⑨] | *Lumnitzera racemosa* | $W_{top} = 0.102 \times D^{2.50}$ <br> ($R^2 = 0.97$, $n = 70$, $D_{max} = 10$ cm) | — | 法属圭亚那 |

| 树种 | 拉丁名 | 地上生物量 | 地下生物量 | 研究地区 |
|---|---|---|---|---|
| 拉关木[10] | *Laguncularia racemosa* | $W_{top} = 0.362 \times D^{1.93}$<br>（ $R^2 = 0.98$ ， $n = 10$ ， $D_{max} = 18$ cm ） | — | 佛罗里达 |
| 通用方程[11] | — | $W_{top} = 0.251 \times \rho \times D^{2.46}$<br>（ $R^2 = 0.98$ ， $n = 104$ ， $D_{max} = 49$ cm ） | $W_R = 0.199 \times \rho^{0.899} \times D^{2.22}$<br>（ $R^2 = 0.99$ ， $n = 26$ ） | 亚洲 |

① 宁世江, 蒋运生, 邓泽龙, 等. 广西龙门岛群桐花树天然林生物量的初步研究 [J]. 植物生态学报, 1996, 20 (1): 57–64.

② ATM R H, SAHADEV S AND AKIO H. Above and Belowground Carbon Acquisition of Mangrove Kandelia obovata Trees in Manko Wetland, Okinawa, Japan [J]. International Journal of Environment, 2011,1 (1): 7–13.

③ 何琴飞, 郑威, 黄小荣, 等. 广西钦州湾红树林碳储量与分配特征 [J]. 中南林业科技大学学报, 2017, 37 (11): 121–126.

④ TAMAI S, IAMPA P. Establishment and growth of mangrove seedling in mangrove forests of southern Thailand [J]. Ecological Research,1988,3 (3):227–238.

⑤ FROMARD F, PUIG H, MOUGIN E, et al. structure, above-ground biomass and dynamics of mangrove ecosystems:new data from French Guiana [J].Oecologia, 1998, 115 (1/2): 39–53.

⑥ COMLEY B W T, MCGUINNESS K A. Above and below-ground biomass, and allometry of four common northern Australian mangroves [J]. Australian Journal of Botany, 2005, 53: 431–436.

⑦ ONG J E, GONG W K, WONG C H. Allometry and partitioning of the mangrove, Rhizophora apiculata [J]. Forest Ecological Management, 2004, 188: 395–408.

⑧ 胡懿凯, 徐耀文, 薛春泉, 等. 广东省无瓣海桑和林地土壤碳储量研究 [J]. 华南农业大学学报, 2019, 40 (6): 95–103.

⑨ KAUFFMAN J B, DONATO D. Protocols for the measurement, monitoring and reporting of structure,biomass and carbon stocks in mangrove forests [I]. Bogor, Indonesia: Center for International Forestry Research (CIFOR), 2011.

⑩ KOMIYAMA A, POUNGPARN S, KATO S. Common allometric equations for estimating the tree weight of mangroves [J]. Journal of Tropical Ecology. 2005, 21: 471.

⑪ SAENGER P, SNEDAKER S C. Pantropical trends in mangrove aboveground biomass and annual litter fall [J]. Oecologia, 1993,96: 293–299.

沉积物碳密度：使用螺旋形土钻采样器在每个植被调查样方内采集沉积物柱状样，采样深度为 0 ~ 100 cm，采集后 0 ~ 50 cm 样品按照 10 cm 为单位进行分层，50 ~ 100 cm 样品单独为一层，共分 6 层，分别装入样品袋中，做好标记。分别测量每层样品的干重、体积和有机碳含量。具体分析方法如下。

使用"重量法"计算每层样品的容重：

$$W = M/V \tag{5-1}$$

式中： $W$ 为沉积物样品容重，单位为 g/cm$^3$；

$M$ 为样品干重，单位为 g；

$V$ 为样品原始体积，单位为 cm$^3$。

按公式（5–2）计算每层样品的单位体积碳含量：

$$C_v = W \times ( \%C_{org}/100 ) \tag{5-2}$$

式中：$C_v$ 为沉积物样品的单位体积碳含量，单位为 g /cm³（以 C 计）；

　　　$W$ 为沉积物样品容重，单位 g/cm³；

　　　$\%C_{org}$ 为样品有机碳含量。

凋落物碳密度：在每个固定样方内设置 1 个 50 cm × 50 cm 的小样方，收集小样方内所有的凋落物（死的叶片、花、果实、种子和树皮碎片），称量其干重（生物量）。

（3）碳密度计算

调查区红树林生态系统碳密度计算应包括植物、沉积物和凋落物 3 部分。碳密度和碳储量计算结果以"平均值±不确定性"表示。

①植被碳密度计算

调查样方内红树植被碳含量包括地上植被碳含量和地下植被碳含量两部分，地上植被碳含量可通过地上生物量与特定红树种类的碳转换系数（0.42 ~ 0.49）相乘后获取，地下植被碳含量可通过地下生物量与碳转换系数（0.39）相乘获得，植被总碳含量等于地上植被和地下植被碳密度之和。样方内红树植被的总碳密度等于总碳含量除以样方面积。

$$VC_p = VC_{stock}/S \qquad\qquad (5\text{--}3)$$

式中：$VC_p$ 为红树植物碳密度，单位为 kg/m²（以 C 计）；

　　　$VC_{stock}$ 为样方中红树植物总碳含量，单位为 kg（以 C 计）；

　　　S 为样方面积，单位为 m²。

②沉积物碳密度

样方内每层沉积物样品的碳密度（单位为 g/cm²）计算如下：

$$C_n = C_{vn} \times d \qquad\qquad (5\text{--}4)$$

式中：$C_n$ 为第 n 层沉积物样品的碳密度，单位为 g /cm²（以 C 计）；

　　　$C_{vn}$ 为第 n 层沉积物样品的单位体积碳含量，单位为 g /cm³（以 C 计）；

　　　$d$ 为样品间隔的厚度，单位为 cm。

将每个样方所采柱状样的 6 层沉积物样品的碳密度相加，即得到样方内整个柱状样的碳密度。

$$C_z = \sum_{1}^{n} C_n \qquad\qquad (5\text{--}5)$$

式中：$C_z$ 为整个柱状样的碳密度，单位为 g /cm²（以 C 计）；

　　　$C_n$ 为第 n 层沉积物样品的碳密度，单位为 g /cm²（以 C 计）。

③凋落物碳密度

凋落物碳密度计算过程如下，将烘干称重获取的生物量按 0.45 的转换系数换算成碳含量，即为凋落物碳含量。计算每个调查分区中的 3 个凋落物小样方中的凋落物碳含量，除以样方面积即为凋落物碳密度。

$$C_l = C_{lp}/S_l \qquad\qquad (5\text{--}6)$$

式中：$C_l$ 为单位面积凋落物碳密度，单位为 kg/ m²（以 C 计）；

$C_{lp}$ 为小样方内凋落物碳含量，单位为 kg（以 C 计）；

$S_l$ 为小样方的面积，单位为 $m^2$。

（4）碳储量计算

①植物碳储量

植物生物量碳储量计算方法如下：计算同一调查分区中 3 个样方的植物生物量碳密度平均值，将计算所得植物生物量碳密度平均值乘以所在调查分区的红树林面积，即为该调查分区红树植物生物量碳储量。

$$C_{PT} = C_p \times S_A \qquad (5\text{–}7)$$

式中：$C_{PT}$ 为调查分区植物生物量碳储量，单位为 Mg（以 C 计）；

$C_p$ 为同一调查分区中 3 个样方植物生物量碳密度的平均值，单位为 $Mg/hm^2$（以 C 计）；

$S_A$ 为调查分区的红树林面积，单位为 $hm^2$。

②沉积物碳储量

沉积物碳储量计算方法如下，将计算所得沉积物柱状样碳密度平均值乘以该调查分区的红树林面积，即为该调查分区的沉积物碳储量。用相同方法计算区域中其他调查分区的沉积物碳储量，将各调查分区的沉积物碳储量相加，即得到调查区域沉积物总碳储量。

$$C_{ZT} = C_z \times S_A \qquad (5\text{–}8)$$

式中：$C_{ZT}$ 为调查分区沉积物碳储量，单位为 Mg（以 C 计）；

$C_z$ 为同一调查分区中 3 个柱状样碳密度的平均值，单位为 $Mg/hm^2$（以 C 计）；

$S_A$ 为调查分区的红树林面积，单位为 $hm^2$。

③凋落物碳储量

凋落物碳储量计算方法如下：调查分区中 3 个凋落物小样方的凋落物碳密度平均值，将计算所得平均值乘以该调查分区的红树林面积，即为该调查分区的凋落物碳储量。用相同方法计算区域中其他调查分区的凋落物碳储量，将整个区域各调查分区的凋落物碳储量相加，即得到调查区域凋落物总碳储量。

$$C_{LT} = C_L \times S_A \qquad (5\text{–}9)$$

式中：$C_{LT}$ 为调查分区凋落物碳储量，单位为 Mg（以 C 计）；

$C_L$ 为同一调查分区中 3 个凋落物小样方的凋落物碳密度平均值，单位为 $Mg/hm^2$（以 C 计）；

$S_A$ 为调查分区的红树林面积，单位为 $hm^2$。

④总碳储量

调查区域内红树林生态系统总碳储量为区域沉积物碳储量、红树植物碳储量和凋落物碳储量之和。

$$C_h = C_1 + C_2 + C_3 \qquad (5\text{–}10)$$

式中：$C_h$ 为总碳储量，单位为 Mg（以 C 计）；

$C_1$ 为沉积物总碳储量，单位为 Mg（以 C 计）；$C_2$ 为红树植被总碳储量，单位为 Mg（以 C 计）；

$C_3$ 为凋落物总碳储量，单位为 Mg（以 C 计）。

## 5.2 海草床碳储量调查方法

海草床生态系统碳储量调查过程与红树林生态系统碳储量调查方法近似，分为前期准备、现场调查、样品分析、结果评估等 4 个阶段。前期准备包括收集调查区海草床分布等相关文献资料，结合遥感影像识别结果和现场踏勘进行调查分区和样方布设，编制调查方案及准备外业调查设备等。现场调查主要是根据调查方案中确定的调查样方、调查内容、调查方法开展海草床生态系统碳储量调查工作。样品分析是对现场采集带回实验室的植被样品、沉积物样品进行分析，包括样品前处理、仪器分析、分析结果整理等工作。结果评估指根据遥感解译、现状调查和样品分析等数据，开展调查区海草床生态系统碳储量评估。

（1）海草床调查方案

①调查范围及分区

调查范围应根据调查目的和调查对象确定，原则上调查范围与海草床分布范围一致。海草床分布状况调查，宜通过地图、海图、地形图、航空或卫星遥感影像以及文献、历史调查资料确定。对于缺乏资料的调查对象，须在实地踏勘和预调查的基础上确定边界。

当调查区内海草种类、群落特征或地形地貌差异明显时，需按照异质性情况将调查区划分为若干调查分区，同一分区内视为性质均一。分区需要考虑的因素包括海草种类及群落特征、沉积物组成及理化性质的变化、水动力及地貌特征及其他可能影响海草床碳储量规模的因素。

②调查内容

海草床生态系统现场调查内容包括海草植被、生物量碳密度、凋落物碳密度和沉积物碳密度。具体调查内容及方式见表 5-4。

**表 5-4 海草床生态系统现场调查内容**

| 调查内容 | 调查指标 | 调查方式 | 调查方法 |
|---|---|---|---|
| 海草植被 | 分布和面积 | 遥感解译、现场调查 | 见（2）调查方法 |
| | 群落特征：海草种类、盖度、茎枝高度、茎枝密度 | 现场调查 | |
| 生物量碳密度 | 地上生物量、地下生物量 | 现场调查、室内分析 | |
| | 有机碳含量 | 室内分析 | |
| 凋落物碳密度 | 凋落物生物量 | 室内分析 | |
| | 凋落物有机碳含量 | 室内分析 | |
| 沉积物碳密度 | 沉积物粒度、容重、有机碳含量 | 室内分析 | |

③站位布设

调查站位布设应满足以下原则：应符合安全作业的要求，具有可到达性，应符合调查目的及准确度的要求，应覆盖所有调查分区，并具有代表性，能反映各分区的生态特征，在保证准确度的前提下，确定最少站位数量。

站位布设方法包括随机取样法（在每个分区中随机选择站位）、栅格取样法及样线取样法。一般使用随机取样法和栅格取样法，当环境要素沿某一方向发生规律性变化时，难以随机取样时，可采用样线取样法（图5–6）。

根据调查分区面积来确定站位数量，站位布设要求见表5–5。样方设置应满足如下要求：每个站位应设置不少于3组生物量平行样方，不少于3组凋落物平行样方；样方大小应能够整体反映调查站位的碳库组成特征，一般植株高大或分布不均匀的海草植物样方应为1 m×1 m，植株低矮且分布均匀的海草植物样方可为0.5 m×0.5 m。

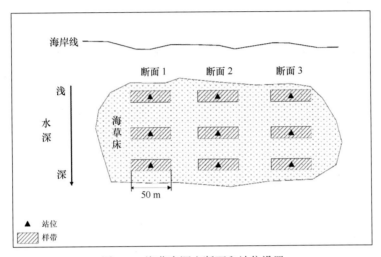

图5–6　海草床调查断面和站位设置

表5–5　海草床生态系统碳储量调查站位布设要求

| 调查分区面积 / hm² | 站位 / 个 |
| --- | --- |
| 面积≤ 20 | ≥ 3 |
| 20 <面积≤ 100 | ≥ 6 |
| 100 <面积≤ 500 | ≥ 9 |
| 面积> 500 | ≥ 12 |

（2）调查方法

①海草植被

分布和面积：通过遥感识别与现场核查方法获取调查区各类海草植被分布与面积，采用船舶走航或实地调查，利用全球定位系统定位海草床的边界（海草盖度大于或等于5%），测点间隔为25 ~ 50 m。退潮后露出水面或海水清澈的海草床，可采用无人机航拍的方法调查海草床面积。野外调查结束后，利用地理信息系统平台对野外调查的数据进行空间分析，勾绘海草分布范围图，计算海草床分布面积。

群落特征：样方内海草种类、盖度、茎枝高度和密度等指标通过现场调查方式获取。

海草种类通过记录样方内发现的所有海草物种，拍照并采集压制标本；盖度指植物地上部分投影的面积占地面的比率，通过对每个 0.5 m × 0.5 m 的样方进行盖度估算，若为多物种混合样方，分别估算每个物种的盖度密度。估算海草盖度后，统计样方内径枝的高度和密度，对于大型海中型海草，统计 0.25 m × 0.25 m 范围内茎枝的高度和密度，对于小型海草，统计内径为 6.7 cm 的柱状取样器中茎枝的高度和密度。

②生物量

根据所采集的海草物种根系长度确定采样深度，使用直径 10 ~ 25 cm 根系采样器，自上而下经过地上植物直接插入沉积物中，这个过程要保证植物完整性，而且取样的深度要到达根区沉积物，一般是 20 ~ 40 cm，然后把取样器盖上并垂直取出；把土柱转移至筛网内，冲洗样品，去除沉积物；使用剪子或刀片将海草植株分离为地上生物量（叶片和叶鞘）、地下生物量（根状茎和根）两部分；将地上生物量和地下生物量两部分分别装入样品袋。

③凋落物

收集样方内所有的凋落物，装入样品袋。

④沉积物采集

沉积物样品采集应与海草植物样品采集同期进行，采样步骤如下：沉积物柱状样直径宜在 50 ~ 75 mm 之间，采样深度一般为 100 cm；采样器应缓慢打入，确保垂向无明显压缩，遇到石块等障碍物阻碍采样器进入时，应重新选择采样点；沉积物柱状样压缩明显时，应就近取另一个样，重复操作至压缩量小于柱状样总长度的 5%；采样完成后，采样器可使用链条和绞盘拉出，或自制便携式起重设备。

（3）碳密度计算

①生物量碳密度

调查站位生物量碳密度、地上生物量碳密度、地下生物量碳密度分别按以下公式计算：

$$VC_{den} = VC_a + VC_b \qquad (5\text{–}11)$$

式中：$VC_{den}$ 为生物量碳密度，单位为 Mg / hm$^2$（以 C 计）；

$VC_a$ 为地上生物量碳密度，单位为 Mg / hm$^2$（以 C 计）；

$VC_b$ 为地下生物量碳密度，单位为 Mg / hm$^2$（以 C 计）。

$$VC_a = W_{Corga} \times (M_{spa} / S_{sp}) \times 10^{-2} \qquad (5\text{–}12)$$

式中：$VC_a$ 为地上生物量碳密度，单位为 Mg / hm$^2$（以 C 计）；

$W_{Corga}$ 为样方植物地上部分有机碳质量分数，%；

$M_{spa}$ 为样方内植物地上部分干重，单位为 g；

$S_{sp}$ 为植物样方面积，单位为 m$^2$。

$$VC_b = W_{Corgb} \times (M_{spb} / S_{sp}) \times 10^{-2} \qquad (5\text{–}13)$$

式中：$VC_b$ 为地下生物量碳密度，单位为 Mg / hm$^2$（以 C 计）；

$W_{Corgb}$ 为样方植物地下部分有机碳质量分数，%；

$M_{spb}$ 为样方植物地下部分干重，单位为 g；

$S_{sp}$ 为植物样方面积，单位为 $m^2$。

②凋落物碳密度

调查站位凋落物碳密度以下计算：

$$VC_1 = W_{Corgl} \times (M_{spl}/S_{sp}) \times 10^{-2} \tag{5-14}$$

式中：$VC_1$ 为凋落物碳密度，单位为 $Mg/hm^2$（以 C 计）；

$W_{Corgl}$ 为样方凋落物有机碳质量分数，%；

$M_{spl}$ 为样方凋落物干重，单位为 g；

$S_{sp}$ 为植物样方面积，单位为 $m^2$。

③沉积物碳密度

调查站位沉积物碳密度按以下公式计算：

$$V_{Ccol} = W_{Csom.j} \times \rho_j \times H_j \times 10^{-2} \tag{5-15}$$

式中：$V_{Ccol}$ 为实际调查深度的柱状样沉积物碳密度，单位为 $Mg/hm^2$（以 C 计）；

$W_{Csom.j}$ 为第 $j$ 层沉积物有机碳质量分数，%；

$\rho_j$ 为第 $j$ 层沉积物容重，单位为 $g/cm^3$；

$H_j$ 为第 $j$ 层沉积物厚度，单位为 cm，每层厚度均为 10 cm。

沉积物容重按照以下公式计算：

$$\rho = m_d / V \tag{5-16}$$

式中：$\rho$ 为沉积物容重，单位为 $g/cm^3$；

$m_d$ 为二次取样样品干重，单位为 g；

$V$ 为二次取样样品体积，单位为 $cm^3$。

（4）碳储量计算

海草床生态系统碳储量包括生物量碳储量、凋落物碳储量和沉积物碳储量 3 部分，分别按以下公式计算：

生物量碳储量计算如下：

$$SC_{den} = VC_{den} \times S \tag{5-17}$$

式中：$SC_{den}$ 为生物量碳储量，单位为 Mg（以 C 计）；

$VC_{den}$ 为生物量碳密度，单位为 $Mg/hm^2$（以 C 计）；$S$ 为调查分区面积，单位为 $hm^2$。

调查分区凋落物碳储量计算如下：

$$SC_l = VC_l \times S \tag{5-18}$$

式中：$SC_l$ 为凋落物碳储量，单位为 Mg（以 C 计）；

$VC_l$ 为凋落物碳密度，单位为 $Mg/hm^2$（以 C 计）；

$S$ 为调查分区面积，单位为 $hm^2$。

调查分区沉积物碳储量按以下公式计算：

$$SC_{col} = VC_{col} \times S \tag{5-19}$$

式中：$SC_{col}$ 为沉积物碳储量，单位为 Mg（以 C 计）；

$VC_{col}$ 为 100 cm 或实际调查深度的柱状样沉积物碳密度，单位为 Mg / hm$^2$（以 C 计）；

$S$ 为调查分区面积，单位为 hm$^2$。

海草床生态系统总碳储量计算如下：

$$C_{stock} = \sum_{i=1}^{m} (SC_{den,\ i} + SC_{l,\ i} + SC_{col,\ i}) \qquad (5\text{--}20)$$

式中：$C_{stock}$ 为海草床生态系统总碳储量，单位为 Mg（以 C 计）；

$SC_{den,\ i}$ 为第 $i$ 个调查分区生物量碳储量，单位为 Mg（以 C 计）；

$SC_{l,\ i}$ 为第 $i$ 个调查分区凋落物碳储量，单位为 Mg（以 C 计）；

$SC_{col,\ i}$ 为第 $i$ 个调查分区沉积物碳储量，单位为 Mg（以 C 计）；

$m$ 为调查范围内调查分区数量。

## 5.3 盐沼生态系统碳储量调查方法

（1）盐沼调查方案

① 调查范围及分区

调查范围应根据调查目的和调查对象确定，盐沼分布范围宜通过航空或卫星遥感影像以及文献、历史调查资料确定。

在调查区有多种滨海盐沼植被或地形地貌差异明显时，需按照异质性情况将调查区划分为若干调查分区，划定为同一调查分区的滨海盐沼应符合以下条件：主要植被种类及群落特征一致，发育年限相近，地形地貌一致，其他可能影响滨海盐沼生态系统碳密度的因素一致。

调查分区的划分可结合现场调查、遥感解译、无人机航拍及其他调查资料进行。

② 调查内容

滨海盐沼生态系统碳储量调查包括盐沼植被、植被生物量碳密度、凋落物碳密度和沉积物碳密度调查 4 部分。具体调查内容与方式见表 5–6。

表 5–6　滨海盐沼生态系统碳储量调查内容与方式

| 调查内容 | 调查指标 | 调查方式 |
|---|---|---|
| 盐沼植被 | 分布、面积 | 遥感解译、现场调查 |
| | 群落特征：种类、密度、盖度、高度 | 现场调查 |
| 植被生物量碳密度 | 地上生物量 | 现场调查、室内分析 |
| | 地下生物量 | |
| | 植物有机碳 | |
| 凋落物碳密度 | 凋落物生物量 | |
| | 凋落物有机碳 | |
| 沉积物碳密度 | 沉积物有机碳、粒度和容重 | |

③站位布设

盐沼生态系统调查站位布设应符合以下要求：应满足调查目的及准确度，应覆盖所有调查分区，并反映各分区滨海盐沼的生态特征，优先选择干扰少且具有代表性的位置布设，站位四周应有 10 m 以上的缓冲区，植物、沉积物调查站位应保持一致，尽量减小对滨海盐沼生态系统的干扰和破坏，应满足作业的要求。

站位布设方法包括以下几种：栅格取样法：用正方形或六边形的栅格覆盖调查分区，在栅格内随机选取一个点作为调查站位。随机取样法为在每个调查分区中随机选择调查站位。样线取样法为沿着与垂直于岸线方向布设样线，在样线上再布设站位。

3 种站位布设方法见图 5-7，具体采样时，在满足站位布设一般要求前提下，根据各调查分区特征及可达性选择合适的站位布设方式。一般优先选择栅格取样法和随机取样法，在调查分区内环境特征及其他要素沿垂直岸线方向发生规律性变化时，可用样线取样法。

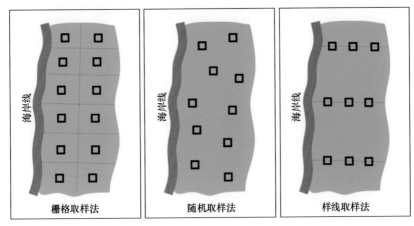

图 5-7　滨海盐沼生态系统碳储量调查站位布设示意

站位数量要求如下：首次调查时，调查分区内站位数一般不少于 5 个。在盐沼植被群落特征均一化程度高的区域，在满足站位代表性和调查评估结果准确性前提下，可适当减少调查站位；后续调查可根据首次调查和评估结果，在满足调查评估结果准确性前提下，适当缩减调查站位数量。

样方设置要求如下：每个站位设置不少于 3 个调查样方，各样方之间距离不小于 5 m，样方大小为 1 m×1 m，当植物密度高且分布均匀时，样方面积可减少为 0.5 m×0.5 m。

（2）调查方法

①盐沼植被调查

调查区各类滨海盐沼植被分布和面积通过遥感识别与现场核查方法获取，各个样方内盐沼植物种类、密度、盖度、高度等指标通过现场调查方式获取。

②植被生物量碳密度

地上生物量调查方式如下：群落特征调查完成后，将各个样方内所有地上活体植物齐地面割下，样品去除泥土等杂质后称鲜重；一般样品应全部取回，如样品量过大可按一定比例取回。取出样品装入已编号样品袋中尽快运回实验室处理，条件不满足时应在干燥、通风条件下保存，避免样品出现变质。将样品放入烘箱中，60℃烘干至恒重后称干重。各样方内地上生物量平均值作为本站位地上生物量。

地下生物量调查方式如下：采用挖掘法或钻掘法获取每个样方内地下根系，采样面积应根据植被根系特点确定，草本类盐沼挖掘法面积一般为 0.25 m×0.25 m，钻掘法土柱直径宜大于 8 cm，分层（每层 10 cm）收集地下根系，采样深度一般至植被活根系分布最深处为止。植被类型分布复杂区域需适当扩大挖掘面积，灌木类盐沼地下根系应全部挖出。样品装入已编号样品袋中。将采集根系过 1 mm 孔径网筛淘洗，获取干净活根系先称鲜重，再将样品放入烘箱中，60℃烘干至恒重后称干重。将不同深度根系生物量相加作为采样点植物地下生物量，各样方内地下生物量平均值作为本站位地下生物量。

③植物有机碳

植物有机碳分析方式如下：剪取烘干后的各样方内部分植物段（含茎和叶部分，茎叶比例和实际情况相同）、地下根系，用微型植物粉碎机粉碎，过 100 目标准筛。称取已过筛的植物样品，用元素分析仪进行地上植被和地下根系有机碳含量测定。

④凋落物碳密度

凋落物生物量调查方式如下：地上生物量获取完成后收集各个样方内凋落物，装入已编号样品袋中，无凋落物可不采集。室内样品剔除泥土等杂质放入烘箱，60℃烘干至恒重称干重。各样方内凋落物生物量平均值作为本站位凋落物生物量。

凋落物有机碳参照植物有机碳的分析方法。

⑤沉积物碳密度

沉积物有机碳和粒度调查和测定方式如下：在植被样方中间位置用土柱采样器采集 100 cm 深柱状样品。土柱采样器应缓慢打入，确保垂向无明显压缩，样品宜尽快进行处理，如不能立即处理应冷冻保存。每层样品用相机拍照，记录沉积物颜色及性状特征。调查站位土柱采样困难或压缩明显时，可采用挖掘沉积物剖面方式，利用环刀获取各层沉积物样品。将每层沉积物样品自然风干，去除植物根系、石块等杂质后混匀进行有机碳和粒度测定。

沉积物容重调查和测定方式如下：在挖掘沉积物剖面时，可在剖面用环刀或注射器采集容重样品，采集位置选择每个分层中间区域，样品装入已编号样品袋中密封保存。在现场不具备采样条件时，可在沉积物柱状样每层样品中间位置采集容重样品，柱样中容重样品采集体积不宜过大，减少对有机碳、粒度样品测定结果准确性的影响。沉积物容重由沉积物干重除以沉积物原始体积确定，其中柱样中采集的容重样品在体积计算时应考虑压缩量。先将采集后固定体积的样品称湿重，然后放入烘箱，60℃烘干至恒重，称得干重。

（3）碳密度计算

①植被生物量碳密度

调查分区滨海盐沼植物生物量碳密度、地上生物量碳密度、地下生物量碳密度计算如下：

$$VD = VD_a + VD_b \qquad\qquad (5-21)$$

式中：$VD$ 为调查分区植物生物量碳密度，单位为 $Mg/hm^2$（以 C 计）；

$VD_a$ 为调查分区滨海盐沼植物地上生物量碳密度，单位为 $Mg/hm^2$（以 C 计）；

$VD_b$ 为调查分区滨海盐沼植物地下生物量碳密度，单位为 $Mg/hm^2$（以 C 计）。

$$VD_a = VD_{ai}/n \qquad (5\text{--}22)$$

式中：$VD_a$ 为调查分区滨海盐沼植物地上生物量碳密度，单位为 $Mg/hm^2$（以 C 计）；

$VD_{ai}$ 为调查分区第 $i$ 个站位地上生物量碳密度，单位为 $Mg/hm^2$（以 C 计）；

$n$ 为调查分区站位个数。

其中，每个站位地下生物量碳密度按以下公式计算：

$$VD_{ai} = VA_i \times VC_{ai} \times 10^{-2}/n \qquad (5\text{--}23)$$

式中：$VD_{ai}$ 为调查站位植物地上生物量碳密度，单位为 $Mg/hm^2$（以 C 计）；

$VA_i$ 为调查站位第 $i$ 个样方单位面积植物地上生物量，单位为 $g/m^2$；

$VC_{ai}$ 为调查站位第 $i$ 个样方植物地上活体有机碳含量，%；

$n$ 为调查站位内样方个数。

盐沼植物地下生物量碳密度计算如下：

$$VD_b = \sum_{i=1}^{n} VD_{bi}/n \qquad (5\text{--}24)$$

式中：$VD_b$ 为调查分区滨海盐沼植物地下生物量碳密度，单位为 $Mg/hm^2$（以 C 计）；

$VD_{bi}$ 为调查分区第 $i$ 个站位地下生物量碳密度，单位为 $Mg/hm^2$（以 C 计）；

$n$ 为调查分区站位个数。

其中，每个站位地下生物量碳密度计算如下：

$$VD_{bi} = \sum_{i=1}^{n} VB_i \times VC_{bi} \times 10^{-2}/n \qquad (5\text{--}25)$$

式中：$VD_{bi}$ 为调查站位植物地下生物量碳密度，单位为 $Mg/hm^2$（以 C 计）；

$VB_i$ 为调查站位第 $i$ 个样方单位面积植物地下生物量，单位为 $g/m^2$；

$VC_{bi}$ 为调查站位第 $i$ 个样方植物地下活体有机碳含量，%；

$n$ 为调查站位内样方个数。

②凋落物碳密度

调查分区滨海盐沼凋落物碳密度计算如下：

$$LD = \sum_{i=1}^{n} LD_i/n \qquad (5\text{--}26)$$

式中：$LD$ 为调查分区凋落物碳密度，单位为 $Mg/hm^2$（以 C 计）；

$LD_i$ 为调查分区第 $i$ 个站位凋落物碳密度，单位为 $Mg/hm^2$（以 C 计）；

$n$ 为调查分区站位个数。

其中，每个站位凋落物碳密度计算如下：

$$LD_i = \sum_{i=1}^{n} LB_i \times LC_i \times 10^{-2} / n \qquad (5\text{-}27)$$

式中：$LD_i$ 为调查站位滨海盐沼凋落物碳密度，单位为 Mg / hm$^2$（以 C 计）；

　　　$LB_i$ 为调查站位第 $i$ 个样方凋落物生物量，单位为 g/m$^2$；

　　　$LC_i$ 为调查站位第 $i$ 个样方凋落物有机碳含量，%；

　　　$n$ 为调查站位内样方个数。

③沉积物碳密度

调查分区滨海盐沼沉积物碳密度计算如下：

$$SD = \sum_{i=1}^{n} Sd_i / n \qquad (5\text{-}28)$$

式中：$SD$ 为调查分区沉积物碳密度，单位为 Mg / hm$^2$（以 C 计）；

　　　$Sd_i$ 为调查分区第 $i$ 个站位沉积物碳密度，单位为 Mg / hm$^2$（以 C 计）；

　　　$n$ 为调查分区站位个数。

每个站位沉积物碳密度计算如下：

$$Sd = \sum_{i=1}^{n} SC_i \times Bd_i \times D_i \times 10^{-2} \qquad (5\text{-}29)$$

式中：$Sd$ 为调查站位 100 cm 或实际采样深度盐沼沉积物碳密度，单位为 Mg /hm$^2$（以 C 计）；

　　　$SC_i$ 为调查站位第 $i$ 层沉积物有机碳含量，%；

　　　$Bd_i$ 为调查站位第 $i$ 层沉积物容重，单位为 g/cm$^3$；

　　　$D_i$ 为调查站位第 $i$ 层沉积物厚度，单位为 cm。

（4）碳储量计算

生物量碳储量、凋落物碳储量、沉积物碳储量及总碳储量分别按如下公式计算：

$$SC = SD \times S \qquad (5\text{-}30)$$

式中：$SC$ 为调查分区滨海盐沼沉积物碳储量，单位为 Mg（以 C 计）；

　　　$SD$ 为调查分区滨海盐沼沉积物碳密度，单位为 Mg / hm$^2$（以 C 计）；

　　　$S$ 为调查分区滨海盐沼面积，单位为 hm$^2$。

$$LC = LD \times S \qquad (5\text{-}31)$$

式中：$LC$ 为调查分区滨海盐沼凋落物碳储量，单位为 Mg（以 C 计）；

　　　$LD$ 为调查分区滨海盐沼凋落物碳密度，单位为 Mg / hm$^2$（以 C 计）；

　　　$S$ 为调查分区滨海盐沼面积，单位为 hm$^2$。

调查分区滨海盐沼沉积物碳储量计算如下：

$$SC = SD \times S \qquad (5\text{-}32)$$

式中：$SC$ 为调查分区滨海盐沼沉积物碳储量，单位为 Mg（以 C 计）；

　　　$SD$ 为调查分区滨海盐沼沉积物碳密度，单位为 Mg / hm$^2$（以 C 计）；

$S$ 为调查分区滨海盐沼面积，单位为 $hm^2$。

调查区滨海盐沼生态系统总碳储量计算如下：

$$C = \sum_{i=1}^{n} (VC_i + LC_i + SC_i) \qquad (5\text{--}33)$$

式中：$C$ 为调查区滨海盐沼生态系统总碳储量，单位为 Mg（以 C 计）；

$VC_i$ 为第 $i$ 个调查分区植被生物量碳储量，单位为 Mg（以 C 计）；

$LC_i$ 为第 $i$ 个调查分区凋落物碳储量，单位为 Mg（以 C 计）；$SC_i$ 为第 $i$ 个调查分区沉积物碳储量，单位为 Mg（以 C 计）；

$n$ 为调查区域内调查分区数量。

# 6 蓝碳碳汇核算方法

## 6.1 国际蓝碳核算标准体系发展

为应对全球气候变暖，20 世纪 90 年代以来众多国际机构围绕不同层级的碳排放核算标准制定开展了大量探索。主要包括两类：一类是对区域的温室气体排放进行核算，包括国家、州、城市甚至是社区层面。基于国家或区域层面的碳核算是最早开发的，也是目前最权威的碳核算体系，主要从能源、工业过程和产品使用、农业、林业和其他土地利用及废弃物等 5 个方面进行温室气体排放和消除的核算。每个部门有独立的排放源目录及其子目录构成，各国在子目录层面建立排放清单，通过汇总得到国家温室气体清单。另一类是围绕企业（或组织）、项目以及产品层面的碳核算，属于小尺度范畴的核算，其中企业 / 组织、产品温室气体倾向于碳排放核算，基于项目的温室气体核算倾向于碳吸收核算。

国际上比较具有代表性的标准包括《2006 年 IPCC 国家温室气体清单指南》《城市温室气体核算国际标准》和《温室气体核算体系：企业核算和报告标准》[1]。《2006 年 IPCC 国家温室气体清单指南》（以下简称《IPCC 2006 年清单》）从宏观层面上明确了国家温室气体测量的范围、方法和报告格式，是目前国家层面测量温室气体最全面、最细致的标准。《城市温室气体核算国际标准》用于监测城市温室气体排放的水平和趋势，最大的不同是设置了城市的核算边界。《温室气体核算体系：企业核算和报告标准》目的是帮助企业识别、计算和跟踪温室气体的长期排放，与前者不同的地方是从直接排放和间接排放两种不同的角度测算企业温室气体。以上核算标准的制定包括核算边界界定、排放活动分类、核算数据来源、参数选取和报告规范等一系列内容。从影响力来看，部分国际机构如联合国政府间气候变化专门委员会（IPCC）、世界资源研究所（WRI）、国际标准化组织（ISO）等制定的温室气体核算指南已成为各国开展温室气体核算的蓝本[2]。

即使国外林业碳汇交易已实践多年，与林业相关的碳核算标准有芝加哥气候交易所标准、国际核证碳减排标准、美国碳注册标准等 30 余项，目前国际上尚无海洋碳汇标

---

① 何艳秋，倪方平，钟秋波 . 中国碳排放统计核算体系基本框架的构建［J］. 统计与信息论坛，2015，30（10）：30–36.

② 卢露 . 碳中和背景下完善我国碳排放核算体系的思考［J］. 西南金融，2021（12）：15–27.

准，包括海洋碳汇资源量的核算标准和海洋碳汇项目的价值评估标准均为空白，也没有专门的海洋碳汇交易市场。国际先行相关核算标准主要包括 IPCC 给出的碳汇计量建议使用方法（VM0033）和清洁发展机制（Clean Development Mechanism）给出的计量工具 AR–Tool14、AR–AM0014、AR– ACM003。基于此，这里主要介绍 IPCC 出台的国家温室气体核算指南。

联合国政府间气候变化专门委员会（IPCC）是由世界气象组织（WMO）和联合国环境规划署（UNEP）在 1988 年建立的政府间组织。IPCC 的重要职责是为联合国气候变化框架公约（UNFCCC）和全球应对气候变化提供技术支持。为帮助各国掌握温室气体的排放水平、趋势以及落实减排举措，IPCC 在 1995 年和 1996 年分别发布了国家温室气体清单指南及其修订版，旨在为具有不同信息、资源和编制基础的国家提供具有兼容性、可比性和一致性的编制规范。

2006 年，IPCC 在整合《IPCC 国家温室气体清单指南（1996 修订版）》《2000 年优良做法和不确定性管理指南》和《土地利用、土地利用变化与林业优良做法指南》的基础上，发布了更为完善的清单指南。根据《2006 年 IPCC 国家温室气体清单指南》，国家温室气体的核算范围包括能源、工业过程和产品使用、农业、林业和其他土地利用、废弃物以及其他部门。与 1996 年版本相比，《2006 年 IPCC 国家温室气体清单指南》在使用排放因子法时考虑了更为复杂的建模方式，特别是在较高的方法层级上；此外，其中还介绍了质量平衡法。随着 2006 年清单指南越来越难以适应新形势下温室气体核算，IPCC 从 2015 年开始筹备并最终发布了《IPCC 2006 年国家温室气体清单指南（2019 修订版）》。与已有版本相比，2019 修订版更新完善了部分能源、工业行业以及农业、林业和土地利用等领域的活动水平数据和排放因子获取方法；同时，强调了基于越来越完善的企业层级数据来支撑国家清单编制，以及基于大气浓度（遥感测量和地面基站测量相结合）反演温室气体排放量的做法，以提高国家清单编制的可验证性和精度。

碳汇是指从空气中清除 $CO_2$ 的过程，IPCC 认证的碳汇是指通过人为活动在管理土地内的温室气体排放或清除的过程和数量。根据陈红敏（2011 年）的研究，碳核算包括：①基于国家 / 区域层面的温室气体排放和消除核算；②基于产品的碳足迹核算；③基于企业 / 组织的企业温室气体排放核算；④基于项目的 CER 核算。《2006 年 IPCC 国家温室气体清单指南 2013 年增补：湿地》，是当前碳汇核算的国际准则。其中 2013 年指南增补了红树林、海草床、滨海盐沼，填补了原清单中湿地温室气体排放与吸收清单编制方法学指南的空缺。澳大利亚于 2015 年起增加红树林、滨海盐沼碳汇，2018 年增加海草床。美国于 2016 年起增加了红树林、盐沼和海草床。红树林也成为联合国气候变化框架公约（UNFCCC）认可的、参与清洁发展机制（Clean Development Mechanism, CDM）碳证贸易的碳汇林。本报告重点研究基于国家 / 区域尺度的盐沼、红树林、海草床等蓝碳生态系统对温室气体清除（碳汇）的核算。

近年来，国际上对海洋碳汇的重视程度表明海洋碳汇将纳入国际碳排放权交易市场，并成为涉及国际权益的一个热点领域。量化生物、物理和化学过程作用下温室气体吸收和排放，关系着蓝碳的可行性和社会接受程度，因此可靠的碳核算至关重要。将蓝碳纳入气候变化政策，需要在国际碳核算框架下从国家和地方两级定量核算其实际及潜在碳通量和存量[①]。

## 6.2 国内外蓝碳核算研究进展

蓝碳概念提出十几年来，滨海湿地的固碳功能已经得到广泛认识，从科学认识、政策制定到管理实践，极大推动了国际和国家层面的蓝碳行动计划。《气候变化中的海洋与冰冻圈特别报告》（SROCC）界定蓝碳是易于管理的海洋系统所有生物驱动碳通量及存量，将盐沼、红树林、海草床、大型藻类列入蓝碳范畴[②]。2009年，联合国相关机构联合发布《蓝碳：健康海洋固碳作用的评估报告》，确认海草床、红树林、盐沼等海岸带生态系统在全球气候变化和碳循环过程中的重要作用。当前，国际蓝碳交易主要集中在 IPCC 认可的红树林、海草床、盐沼三大海岸带蓝碳生态系统，这三大生态系统的覆盖面积不到海床的0.5%，但其碳储量却超过海洋碳储量的 50%[③]。

### 6.2.1 蓝碳核算方法研究

2012年，为了在联合国政府间气候变化专门委员会方法框架下准确测量、监测和报告红树林地上生物量的物种组成、结构以及红树林生态系统碳储量，世界林业研究中心出版了第一份蓝色碳汇计量国际方法——《红树林结构、生物量和碳储量测量、监测和报告方法》，大部分内容适用于其他滨海湿地乔灌木的碳汇计量。2014年9月，联合国环境规划署在《蓝碳：健康海洋对碳的固定作用——快速反应评估》的报告基础上，国际保护组织（CI）、政府间海洋学委员会（IOC）等组织联合制定了《滨海蓝碳：红树林、盐沼、海草床碳储量和碳排放因子评估方法》，详细阐述了包括红树林、盐沼和海草床在内的蓝碳生态系统碳汇的测量方法和步骤，为各研究机构和个人定量测量蓝色碳汇提供测算标准，建立计算沿海蓝碳清单的方法学。基于以上方法论，国外有研究利用滨海湿地碳沉积数据和美国湿地调查数据，系统估算美国当前国家尺度上的滨海湿地蓝碳系统碳埋藏能力[④]；并利用 IPCC 的气候模型预测数据和全球滨海湿地面积的模拟数据，建立固碳速率与气候因子的经验模型[⑤]，前瞻性提出：全球滨海湿地蓝碳系统的碳埋藏能力到21世纪末将持续增加。

国内方面，我国可使用的碳汇核算方法较少，截至 2018 年，我国仅有 6 套碳汇核算方法，涉及森林、竹林、草地和耕地 4 种碳汇。在上述方法学中，仅碳汇造林、竹林

① 赵鹏，姜书，石建斌.《气候变化中的海洋与冰冻圈特别报告》的蓝碳内容及其影响［J］.海洋科学，2021，45（02）：137–143.

② 同①。

③ 张怡.助力"碳中和"，"蓝色碳汇"怎么算？［EB/OL］.厦门大学环境于生态环境，2021.05.18.

④ WANG F M, LU X L, SANDERS C J, et al. Tidal wetland resilience to sea level rise increases their carbon sequestration capacity in United States. Nature Communications, 2019, 10: 5434.

⑤ WANG F M, SANDERS C J, SANTOS I R, et al. Global blue carbon accumulation in tidal wetlands increases with climate change. National Science Review, 2021, DOI: 10.1093/nsr/nwaa1296.

经营和森林经营 3 类碳汇核算方法被应用于实际碳汇项目中。目前，自然资源部发布《养殖大型藻类和双壳贝类碳汇计量方法碳储量变化法》（HY/T 0305—2021），并于 2021 年 6 月开始实施，建立海水养殖藻类和双壳贝类的碳汇计量方法。威海市 2019 年发布我国首个海洋碳汇方法学——海带养殖碳汇方法学的科研成果，形成了完整的海带养殖碳汇计量方法学、交易体系。2020 年，深圳市生态环境局印发全国首部《海洋碳汇核算指南》，建立海洋碳汇核算方法与技术体系的规范与标准，主要内容包括海洋碳汇核算的适用条件、核算类型、核算方法、活动水平数据收集格式及来源、排放因子的确定方法、统一报告格式等，为便于常态化开展海洋碳汇核算构建了较为科学规范和具有可操作性的核算指南。2022 年由自然资源部第一海洋研究所牵头制定的行业标准《海洋碳汇核算方法》（HY/T 0349—2022）正式发布，该标准规定了海洋碳汇核算工作的流程、内容、方法及技术等要求，确保海洋碳汇核算工作有标可依，解决了海洋碳汇的量化问题和价值确定问题，填补了该领域的行业标准空白。2023 年 5 月，自然资源部办公厅印发实施 6 项蓝碳系列技术规程包括：《红树林生态系统碳储量调查与评估技术规程》《滨海盐沼生态系统碳储量调查与评估技术规程》《海草床生态系统碳储量调查与评估技术规程》《红树林生态系统碳汇计量监测技术规程（试行）》《滨海盐沼生态系统碳汇计量监测技术规程（试行）》《海草床生态系统碳汇计量监测技术规程（试行）》，对红树林、滨海盐沼和海草床三类蓝碳生态系统碳储量调查评估、碳汇计量监测的方法和技术要求作出规范，用于指导蓝碳生态系统调查监测业务工作。近年来，我国海岸带蓝碳技术导则、规程汇总见表 6-1。

**表 6-1　我国海岸带蓝碳系列主要技术导则汇总**

| 标准名 | 类别 | 提出单位 | 发布时间 / 征求意见时间 | 备注 |
|---|---|---|---|---|
| 《红树林生态系统碳汇计量监测技术规程（试行）》 | 部门系列标准 | 自然资源部海洋预警监测司 | 2023 年 | 碳汇计量监测 |
| 《海草床生态系统碳汇计量监测技术规程（试行）》 | 部门系列标准 | 自然资源部海洋预警监测司 | 2023 年 | |
| 《滨海盐沼生态系统碳汇计量监测技术规程（试行）》 | 部门系列标准 | 自然资源部海洋预警监测司 | 2023 年 | |
| 《蓝碳生态系统碳汇计量监测技术规程》 | 行业标准 | 自然资源部 | 2023 年 | |
| 《海洋碳汇核算方法》 | 行业标准 | 自然资源部 | 2022 年 | |
| 深圳市《海洋碳汇核算指南》 | 地方标准 | 深圳市市场监督管理局 | 2022 年 | |
| 《红树林生态系统碳储量调查与评估技术规程》 | 部门系列标准 | 自然资源部海洋预警监测司 | 2023 年 | 碳储量调查与监测 |
| 《海草床生态系统碳储量调查与评估技术规程》 | 部门系列标准 | 自然资源部海洋预警监测司 | 2023 年 | |
| 《滨海盐沼生态系统碳储量调查与评估技术规程》 | 部门系列标准 | 自然资源部海洋预警监测司 | 2023 年 | |

续表

| 标准名 | 类别 | 提出单位 | 发布时间/征求意见时间 | 备注 |
|---|---|---|---|---|
| 《养殖大型藻类和双壳贝类碳汇计量方法碳储量法》 | 行业标准 | 自然资源部 | 2021 年 | |
| 《海岸带生态系统现状调查与评估技术导则第 3 部分：红树林》 | 行业标准 | 自然资源部海洋预警监测司 | 2022 年 | |
| 《海岸带生态系统现状调查与评估技术导则第 4 部分：盐沼》 | 行业标准 | 自然资源部海洋预警监测司和水利部规划计划司 | 2022 年 | |
| 《海岸带生态系统现状调查与评估技术导则第 6 部分：海草床》 | 行业标准 | 自然资源部海洋预警监测司和水利部规划计划司 | 2022 年 | |
| 《海岸带生态系统现状调查与评估技术导则第 3 部分：红树林》 | 团体标准 | 自然资源部海洋预警监测司 | 2020 年 | 现状调查与评估 |
| 《海岸带生态系统现状调查与评估技术导则第 4 部分：盐沼》 | 团体标准 | 自然资源部海洋预警监测司 | 2020 年 | |
| 《海岸带生态系统现状调查与评估技术导则第 6 部分：海草床》 | 团体标准 | 自然资源部海洋预警监测司 | 2020 年 | |
| 《蓝碳生态系统碳库规模调查与评估技术规程——红树林》 | 行业标准 | 自然资源部 | 2021 年 | |
| 《蓝碳生态系统碳库规模调查与评估技术规程——盐沼》 | 行业标准 | 自然资源部 | 2020 年 | 碳库规模调查与评估 |
| 《蓝碳生态系统碳库规模调查与评估技术规程——海草床》 | 行业标准 | 自然资源部 | 2020 年 | |
| 《栽培大型海藻碳足迹核算与评价标准》 | 团体标准 | 暨南大学 | 2023 年 | |

　　碳汇计量将生产与生活当中的温室气体排放转化为等量 $CO_2$ 排放量，进行统一结算，对规范海洋碳汇发展和认知碳汇科学机理起到重要作用。可测量、可报告和可核证是碳交易和核减碳排量的基础，形成国际社会认可碳计量的方法学和标准，准确地估算各种温室气体的排放通量和生物碳汇具有重要作用。关于碳汇计量，国外许多学者也进行了很多研究，有国家范围的研究，也有区域尺度的研究。国外对碳汇的研究，在森林方面比较成熟，Pohjola J[1] 分析了森林作为碳汇的成本和效益，Sohngen B[2] 分析了森林碳汇作用和经济效益发挥的最优配置，Sedjo R[3] 估计了全球森林和其他土地的碳供给曲线，Ben jong[4] 以南墨西哥为例，分析和评价了各种增强森林碳汇能力的技术，

　　[1]　POHJOLA J, VALSTA L, MONONEN J. Costs of Carbon Sequestrian in Scots Pine Stands in Finland［C］// Scandinavian Forest Economics: Proceedings of the Biennial Meeting of the Scandinavian Society of Forest Economics. 2004, 2004（1329–2016–103665）：81–90.

　　[2]　SOHNGEN B. An analysis of forestry carbon sequestration as a response to climate change［M］. Copenhagen Consensus Center., 2009.

　　[3]　SEDJO R A. Forest carbon sequestration: some issues for forest investments［J］. Discussion Papers，2001.

　　[4]　DE JONG B H J, OCHOA–GAONA S, CASTILLO–SANTIAGO M A, et al. Carbon flux and patterns of land–use/land–cover change in the Selva Lacandona, Mexico［J］. AMBIO: A Journal of the Human Environment, 2000, 29（8）：504–511.

Somogyi Z[1]指出，大范围的再造林可以增强匈牙利森林固碳能力的持续性。在人类活动和气候变化因素对生态系统碳吸收/碳排放的影响研究方面，Janzen等[2]、曹磊等[3]、韩广轩等[4]通过研究认为，盐度和水深对生态实际构成造成影响，进而导致滨海湿地碳汇能力变化，Mudd等[5]和DeLaune等[6]研究认为，海平面上升会增加土壤碳埋藏速率，直至植被被淹没达到临界值，然而海岸侵蚀会导致碳释放，最终成为"碳源"；高志强等[7]、许振等[8]、赵鹏等[9]研究认为，土地利用方式改变、湿地修复是影响碳储量变化的重要原因，Zhao等[10]对盐城和黄河三角洲修复活动进行土壤碳储量研究，表明湿地还湿、恢复潮汐水动力条件将显著提高湿地土壤碳储量。许鑫等[11]、夏添等[12]和陈顺洋等[13]分析了围垦区储碳固碳能力变化，与光滩和自然湿地相比，围垦前后温室气体排放通量均显著增加。

在海岸带生态系统碳汇方面，韩广轩等[14]研究滨海盐沼固碳能力为60.4～70 Tg/a（以C计），在三大蓝碳生态系统中固碳能力最强，黄鹏等[15]对海洋人为碳含量测算方法进行综述概括，并提出人为碳吸研究需要更加精确的观测数据和模式模拟，Zhao等[16]、Goudie等[17]、宋红丽[18]、Sun等[19]开展定性研究来阐述遥感技术在滨海湿地植被评估方面的应

① SOMOGYI Z. Possibilities for carbon sequestration by the forestry sector in Hungary [J]. BASE, 2000.

② JANZEN H H. Carbon cycling in earth systems—a soil science perspective [J]. Agriculture, ecosystems & environment, 2004, 104（3）: 399–417.

③ 曹磊，宋金明，李学刚，等. 中国滨海盐沼湿地碳收支与碳循环过程研究进展 [J]. 生态学报，2013，33（17）: 5141–5152.

④ 韩广轩，王法明，马俊，等. 滨海盐沼湿地蓝色碳汇功能，形成机制及其增汇潜力 [J]. 植物生态学报，2022，46（4）: 373–382.

⑤ MUDD S M, HOWELL S M, MORRIS J T. Impact of dynamic feedbacks between sedimentation, sea–level rise, and biomass production on near–surface marsh stratigraphy and carbon accumulation [J]. Estuarine, Coastal and Shelf Science, 2009, 82（3）: 377–389.

⑥ DELAUNE R D, WHITE J R. Will coastal wetlands continue to sequester carbon in response to an increase in global sea level?: a case study of the rapidly subsiding Mississippi river deltaic plain [J]. Climatic Change, 2012, 110: 297–314.

⑦ 高志强，刘纪远，曹明奎，等. 土地利用和气候变化对农牧过渡区生态系统生产力和碳循环的影响 [J]. 中国科学：D辑，2004，34（10）: 946–957.

⑧ 许振，左平，王俊杰，等. 个时期盐城滨海湿地植物碳储量变化 [J]. 湿地科学，2014，12（6）: 709–713.

⑨ 赵鹏，朱淑娟，段晓峰，等. 民勤绿洲边缘阻沙带表层土壤粒度空间分布特征 [J]. 干旱区研究，2021，38（5）.

⑩ ZHAO Q, BAI J, LU Q, et al. Effects of salinity on dynamics of soil carbon in degraded coastal wetlands: implications on wetland restoration [J]. Physics and Chemistry of the Earth, Parts A/B/C, 2017, 97: 12–18.

⑪ 许鑫，王豪. 滨海湿地温室气体通量及影响因素分析 [D]. 南京大学，2015.

⑫ 夏添，陈一宁，高建华，等. 植被演替对杭州湾南岸盐沼物质循环的影响 [J]. 海洋科学，2019，10.

⑬ 陈顺洋，安文硕，陈彬，等. 红树林生态修复固碳效果的主要影响因素分析 [J]. 应用海洋学学报，2021，40（1）: 34–42.

⑭ 韩广轩. 潮汐作用和干湿交替对盐沼湿地碳交换的影响机制研究进展 [J]. 生态学报，2017，37（24）.

⑮ 黄鹏，陈立奇，蔡明刚. 全球海洋人为碳储量估算及时空分布研究进展 [J]. 地球科学进展，2015，30（8）: 952.

⑯ ZHAO H, TANG Z, LI X. A regularization parameter choice method on nonlinear ill–posed quantitative remote sensing inversion [J]. Geomatics and Information Science of Wuhan University, 2008, 33（6）: 577–580.

⑰ GOUDIE A. Characterising the distribution and morphology of creeks and pans on salt marshes in England and Wales using Google Earth [J]. Estuarine, Coastal and Shelf Science, 2013, 129: 112–123.

⑱ 宋红丽. 围填海活动对黄河三角洲滨海湿地生态系统类型变化和碳汇功能的影响 [J]. 北京：中国科学院大学，2015.

⑲ SUN S, WANG Y, SONG Z, et al. Modelling aboveground biomass carbon stock of the Bohai Rim coastal wetlands by integrating remote sensing, terrain, and climate data [J]. Remote Sensing, 2021, 13（21）: 4321.

用，王法明等[①]构建初固碳速率与气候因子的经验模型。焦念志和梁彦韬等[②]通过系统性分析我国不同海区、不同海洋生态系统、不同碳交换界面等的海洋碳库和碳通量，初步估算表明，中国海从海 – 气通量上看是大气的碳源，每年主要以 DOC 形式输出的有机碳通量在 81.72 ~ 103.17 Tg/a（以 C 计）之间，但由于河流输入、沉积输出、生物碳泵的作用，中国海又是一个重要的碳汇，其中红树林、盐沼湿地、海草床 3 种生态系统每年埋藏的有机碳量为 36 t。李捷等[③]基于 IPCC 提供的碳汇计量方法，根据红树林、盐沼和海草床的生态系统特征及结构，对海岸带蓝碳各部分的碳储量及碳汇增量计量方法进行了整理归纳，总结出蓝碳计量方法。向爱等[④]在系统梳理国内外蓝碳研究成果的基础上，从蓝碳生态系统和海水养殖系统两方面构建了中国沿海省份蓝碳核算体系，基于相关统计数据、遥感数据、核算参数数据，核算了中国沿海省份蓝碳生态系统固碳量和海水养殖固碳量的蓝碳能力。

在海洋生态系统碳汇方面，当前学者多选取特定视角对海洋渔业碳汇展开研究，因为渔业碳汇同时具有碳源和碳汇双重特性。邵桂兰等[⑤]核算了海洋捕捞渔业碳排放量和海水养殖碳汇量，并使用海水贝藻养殖业的产量估算碳汇量。岳冬冬和王鲁民[⑥]构建了海水贝类碳汇核算体系，认为我国海水养殖量最大的品种是贝类养殖，年产量已超过 1000 万吨。权伟等[⑦]对中国近海海藻养殖的产量和结构进行了研究，估算出全国海藻年均固碳量为 41.85 万吨，2012 年海藻固碳量约为 51.5 万吨。孙吉亭等[⑧]指出，海洋渔业碳汇主要依靠贝藻类养殖以及增殖放流实现，发展生态养殖模式有利于进一步发展碳汇渔业。基于以上碳排放和碳汇的研究，岳冬冬等[⑨]还提出了海洋渔业碳平衡的概念，探讨了中国海洋渔业的碳平衡状态。

综上所述，蓝碳生态系统碳源/汇的时空分布特征、碳库驱动碳循环过程的关键因子、碳输入输出，以及人类活动和气候变化响应作用等方面缺乏系统的机理认识，国际蓝碳研究大多集中在项目尺度，在全国/区域尺度上量化研究仍较少。国内研究也更偏向于对蓝碳生态系统碳汇量的核算和评估，相比盐沼和海草床，对红树林开展的研究较多。国内滨海植被的核算方法参考了陆地森林、湿地和泥炭地的核算方法，但大型海藻、水体和陆架海沉积物的核算方法还不成熟。量化生境退化和丧失的碳排放仍然存在许多不确定性，极

① 王法明，唐剑武，叶思源，等．中国滨海湿地的蓝色碳汇功能及碳中和对策［J］.中国科学院院刊，2021, 36（3）：241–251.

② 焦念志，梁彦韬，张永雨，等．中国海及邻近区域碳库与通量综合分析［J］.中国科学：地球科学，2018, 48（11）：1393–1421.

③ 李捷，刘译蔓，孙辉，等．中国海岸带蓝碳现状分析［J］.环境科学与技术，2019, 42（10）：207–216.

④ 向爱，揣小伟，李家胜．中国沿海省份蓝碳现状与能力评估［J］.资源科学，2022, 44（06）：1138–1154.

⑤ 邵桂兰，褚蕊，李晨．基于碳排放和碳汇核算的海洋渔业碳平衡研究——以山东省为例［J］.中国渔业经济，2018, 36（04）：4–13.

⑥ 岳冬冬，王鲁民．中国海水贝类养殖碳汇核算体系初探［J］.湖南农业科学，2012（15）：120–122, 130.

⑦ 权伟，应苗苗，康华靖，等．中国近海海藻养殖及碳汇强度估算［J］.水产学报，2014, 38（4）：509–514.

⑧ 孙吉亭，赵玉杰．我国碳汇渔业发展模式研究［J］.东岳论丛，2011, 32（8）：150–155.

⑨ 岳冬冬，王鲁民，方海．基于碳平衡的中国海洋渔业产业发展对策探析［J］.中国农业科技导报，2016, 18（4）：1–8.

易受环境因素影响的碳埋藏率在不同地点间呈现出很大变化。总的来说，核算方法的不确定性会影响可测量、可报告和可核证[①]。

## 6.2.2 红树林碳汇核算

红树林植被和沉积物碳库中的有机碳积累体现了红树林较强的固碳能力，红树林生态系统是热带地区碳含量最高的生态系统之一，其总固碳量占据了全球海洋碳固存量的14%。中国现有原生红树植物21科37种，其中真红树植物11科14属25种，半红树植物10科12属12种[②]。红树林生态系统的碳密度显著高于同纬度其他生态系统，热带红树林的碳密度平均高达 1023 t / hm$^2$（以 C 计）。

（1）红树林碳汇计量研究实践

目前，红树林碳汇的计量研究方法分为植被与土壤两方面的研究。对植被碳储量研究方法有样地直接调查法、异速生长方程法、遥感反演法等。样地直接调查法以实测数据为基础，通过收获法精确测定红树植物地上地下生物量、枯落物的碳储量，在连续测定的基础上可以分析红树林生态系统各部分碳库之间的流通量，进而推算出红树林的植被固碳能力[③]。异速生长方程法是测定红树林生物量最常用的方法，通过测量红树植物胸径和树高来构建异速生长方程，即伐倒少许树木，确定生物量与胸径和树高的回归关系，然后利用回归关系和所有树木的实测胸径和树高推算生物量，进而推算红树林植被的碳储量和固碳潜力[④]。遥感反演法是利用遥感来反演红树植被碳储量，即建立遥感参数与植被生物量之间的关系，进而求得植被的碳储量及固碳能力。目前主要有光学遥感和雷达遥感两种方法，核心是拟合植被指数或雷达散射系数与植被生物量之间的关系[⑤]。

对于土壤碳储量的研究方法包括直接测量法和土壤模型法。直接测量法是根据实地土壤剖面取样，直接测定各土层的有机碳含量，然后采用加权的方法计算整个土壤剖面的有机碳含量，再用面积求出整个红树林湿地的土壤碳储量。大尺度土壤碳储量研究方法是在直接测量法的基础上，根据不同土壤类型或者生态类型估算区域土壤碳储量。土壤模型法是近几年测定土壤碳库的热门方法，即通过模拟土壤有机碳输入量和输出量，研究土壤有机碳储量及其变化。目前国际上使用最多的是 Century 和 DNDC 模型。通过不断地改进验证，土壤模型法的精确度提高很多，而且与实测拟合度很高[⑥]。

针对红树林生态系统的碳汇监测、评估、核算、方法学等，目前国内尚无公认的技术

① 赵鹏，姜书，石建斌.《气候变化中的海洋与冰冻圈特别报告》的蓝碳内容及其影响［J］.海洋科学，2021，45（02）：137–143.

② 罗柳青，钟才荣，侯学良，等.中国红树植物1个新记录种——拉氏红树［J］.厦门大学学报（自然科学版），2017，56（03）：346–350.

③ 张莉，郭志华，李志勇.红树林湿地碳储量及碳汇研究进展［J］.应用生态学报，2013，24（04）：1153–1159.

④ 金川，王金旺，郑坚，等.异速生长法计算秋茄红树林生物量［J］.生态学报，2012，32（11）：3414–3422.

⑤ 赵天舸，于瑞宏，张志磊，等.湿地植被地上生物量遥感估算方法研究进展［J］.生态学杂志，2016，35（07）：1936–1946.

⑥ WANG F M, SANDERS C J, SANTOS I R, et al. Global blue carbon accumulation in tidal wetlands increases with climate change. National Science Review, 2021, DOI: 10.1093/nsr/nwaa1296.

标准导则，处于探索研究阶段。深圳市《海洋碳汇核算指南》中对红树林碳汇的核算主要由红树林生物量碳储量变化、红树林湿地还湿、植被恢复和创造活动引起的碳吸收和碳排放、红树林湿地排干分解过程中的碳排放、红树林湿地利用变化过程的碳排放等4部分组成，核算边界较广泛、核算方法较复杂，表式结构仅针对实物量，未涉及红树林碳汇实物量到价值量核算的转化过程。2021年5月，为统一我国蓝碳碳汇相关调查的监测与核算，自然资源部海洋预警监测司组织编制了红树林、盐沼、海草床碳储量调查与评估技术规程，拟形成统一的红树林生态系统碳储量调查与评估行业标准。2022年，自然资源部第一海洋研究所牵头编制的《海洋碳汇核算方法》（HY/T 03749—2022），提出了海洋碳汇能力评估和海洋碳汇经济价值核算的方法，设定了海洋碳汇经济价值的核算方法，包括直接纳入经济市场交易的直接经济价值和通过生态系统服务反映的间接经济价值。

（2）红树林碳汇核算方法

当前国际研究机构和国际组织正不断推进红树林等蓝碳计量标准和方法学的研究、出台和实施。CDM批准通过的《红树林碳汇计量方法》（AR–AM0014）[1]使红树林碳汇可计量、可报告、可核实。

1）核算方法一

这部分按照IPCC给出的适用方法，整理出红树林碳汇量计算涉及生物量碳储量与土壤沉积物碳汇量的部分，并根据不同生境具体碳汇情况给出各部分的具体计量公式及其适用范围。红树林生态系统中生物碳汇的计量方法适用于由红树林群落组成的原生环境及再造林中，并且非红树林群落的种植覆盖面积不超过10%。目前，CDM已经批准了《红树林碳汇计量方法》（AR–AM0014），认可红树林碳汇依此标准计量可以参与碳交易。

①红树林计量方法中基础碳汇的计算公式为

$$\Delta C_{BSL,\ t} = \Delta C_{TREE-BLS,\ t} + \Delta C_{SHRUB-BLS,\ t} \Delta C_{DW-BSL,\ t} \tag{6-1}$$

式中，$\Delta C_{BSL,\ t}$ 是以 $CO_2$ 为计量的年基础碳汇，$\Delta C_{TREE-BLS,\ t}$ 是基础红树林年碳储量变化，$\Delta C_{SHRUB-BLS,\ t}$ 是基础灌木年碳储量变化，$\Delta C_{DW-BSL,\ t}$ 是枯死木质生物质碳储量变化。

实际净碳汇，$CO_2$ 被草本植物去除实际净碳汇按以下公式计算：

$$\Delta C_{ACTUAL,\ t} = \Delta C_{P,\ t} - GHG_{E,\ t} \tag{6-2}$$

式中，$\Delta C_{ACTUAL,\ t}$ 是年实际净碳汇，$\Delta C_{P,\ t}$ 是每年在选定的范围中的碳储量变化，$GHG_{E,\ t}$ 是每年在研究范围内排放的 $CO_2$。

遗漏的碳，按以下公式估算：

$$LK_t = LK_{AGRIG,\ t} \tag{6-3}$$

式中，$LK_t$ 是每年遗漏的温室气体排放，$LK_{AGRIC,\ t}$ 是每年因为农业活动而遗漏的碳。如果研究区域的生物量分布不均匀，首先进行分层以提高生物量估算的精度。

②红树林计量方法中适用于天然红树林及人工红树林的碳汇计算，其为红树林生态系统的总碳储量及碳汇能力的计算，包含储存于植物体内的碳和储存于土壤中的碳两部分，

---

① 胡学东.国家蓝色碳汇研究报告——国家蓝碳行动可行性研究［M］.中国书籍出版社，2020：42–44.

一是红树木生态系统碳储量，二是生态系统碳储量净增量。

红树林生态系统碳储量 $C$ 为

$$C = C_V + C_L + C_W + C_S \tag{6-4}$$

式中，$C_V$ 为植被碳储量，$C_L$ 为凋落物碳储量，$C_W$ 为粗木质残体碳储量，$C_S$ 为土壤碳储量。

生态系统碳储量净增量 $\Delta C$，即碳汇量：

$$\Delta C = \Delta C_V + \Delta C_L + \Delta C_W + \Delta C_S \tag{6-5}$$

式中，$\Delta C_V$ 为植被碳储量净增量，$\Delta C_L$ 为凋落物碳储量净增量，$\Delta C_W$ 为粗木质残体碳储量净增量，$\Delta C_S$ 为土壤碳储量净增量。

$$\Delta C_V = GPP - R_a - L \tag{6-6}$$

式中，$GPP$ 为总初级生产力，$R_a$ 为植被呼吸量，$L$ 为凋落物生成量。

$$\Delta C_S = E_n + E_x - R_h - M_e \tag{6-7}$$

式中，$E_n$ 为土壤碳储量内源碳输入，$E_x$ 为外源碳输入，$R_h$ 为土壤微生物的异养呼吸量，$M_e$ 为甲烷排放。

$$\Delta C_L = L - D - H - I - E_n \tag{6-8}$$

式中，$L$ 为碳输入为凋落物生成量，$D$ 为碳输出包括腐烂分解，$H$ 为食草动物消耗，$I$ 为冲入海洋，$E_n$ 为沉积物的内源碳输入。

$$\Delta C_W = B_a + B_b \tag{6-9}$$

式中，$B_a$ 为枯立木碳储量，$B_b$ 为枯倒木碳储量。

2）核算方法二

参照《省级温室气体清单编制指南》和《海洋碳汇核算指南》，红树林生物碳储量变化按照树种生长状况相似、相关参数相近则按照同一种方法计算的原则，红树林种类为红树乔木林的，则按乔木林生物量生长碳吸收的方法计算；若为红树灌木林，则按灌木林生物量碳储量变化的方法计算。

具体计算方法见公式如下：

$$CO_{2\text{红树林}} = CO_{2\text{红树乔木林}} + CO_{2\text{红树灌木林}} - CO_{2\text{红树林消耗}} \tag{6-10}$$

① 红树乔木林二氧化碳吸收的计算公式：

$$CO_{2\text{红树乔木林}} = V_{\text{红树乔木林}} \times \overline{SVD} \times GR \times \overline{BEF} \times 0.5 \times CO_2 - C\text{比}（44/12） \tag{6-11}$$

式中：$V_{\text{红树乔木林}}$ 为本地碳汇核算年份本区的红树乔木林总蓄积量，单位为 $m^3$；

$GR$ 为活立木蓄积量年生长率，%；

$\overline{BEF}$ 为本区乔木林生物量 BEF 转换系数加权平均值，即全林生物量与树干生物量的比值，无量纲；

$\overline{SVD}$ 为本区乔木林的基本木材密度 $SVD$ 加权平均值，单位为 $t/m^3$；

0.5 为生物量含碳率，取 0.5，下同。

② 红树灌木林的碳吸收计算公式：

灌木林通常在最初几年生长迅速，并很快进入稳定阶段，生物量变化较小。因此，主要根据红树灌木林面积变化和单位面积生物量来估算生物量碳储量变化。

$$CO_2{}_{红树灌木林} = A×B ×0.5 ×CO_2 – C\,比（44/12）\qquad（6–12）$$

式中：$CO_2{}_{红树灌木林}$为红树灌木林生物量碳储量变化，单位为 t（以 C 计）；

　　　$A$ 为红树灌木林面积年变化，单位为 $hm^2$；

　　　$B$ 为红树灌木林平均单位面积生物量，t（DM）。

③红树林消耗碳排放的计算公式：

根据本区红树林调查数据，获得碳汇核算年份红树林的总蓄积量（$V_{活立木}$），根据活立木蓄积消耗率（$CR$）、平均基本木材密度（$SVD$）和生物量转换系数（$BEF$）估算红树林消耗造成的碳排放：

$$CO_2{}_{红树乔木林} = V_{红树林} × CR ×\overline{SVD} ×\overline{BEF} ×0.5 ×CO_2 – C\,比（44/12）\quad（6–13）$$

式中：$V_{红树乔木林}$为本地碳汇核算年份本区的红树林总蓄积量，单位为 $m^3$；

　　　$CR$ 为红树林蓄积量年消耗率，%；

　　　$\overline{BEF}$ 为本区红树林生物量 $BEF$ 转换系数加权平均值，即全林生物量与树干生物量的比值（无量纲）；

　　　$\overline{SVD}$ 为本区红树林的基本木材密度 $SVD$ 加权平均值，单位为 t / $m^3$（$SVD$）。

以上红树林碳排放和碳吸收的计算方法已在深圳市大鹏新区海洋碳汇核算中进行了试算，对于与人类活动相关的湿地保育、还湿、植被恢复和创造活动的碳汇核算在此未具体展开。

### 6.2.3　海草床碳汇核算

海草床具有重要的生态功能，如稳定底质、净化水体、为海洋生物提供栖息繁育场所、为海洋生物提供食物来源等，同时海草床是地球上最有效的碳捕获和封存系统之一，是全球重要的碳库，是海岸带蓝碳的重要组成部分。海草床通过光合作用固定 $CO_2$，通过减缓水流促进颗粒碳沉降，固碳量巨大、固碳效率高、碳存储周期长。

（1）海草床碳汇计量研究实践

海草床是近岸海域生产力极高的生态系统，具有重要的储碳功能，其碳主要存储于沉积物中。相关研究主要集中在海草床沉积物的储碳机制。研究表明，海草床沉积物有机碳主要来源为海草和悬浮颗粒物，海草床沉积物中微生物活性较高，对海草床沉积物有机碳具有较高的利用效率；海草床沉积物碳储量同时呈现出显著的地理差异和海草种类差异[①]。李梦（2018）探讨了海草种类、土壤理化性质等因素对沉积物有机碳空间分布产生的影响，并估算广西海草床有机碳储量，结果表明，广西海草床 0 ~ 100 cm 深度沉积物有机碳含量介于 0.06% ~ 2.80% 之间，平均有机碳含量为 0.35%，低于邻近红树林沉积物有机碳含量平均值 0.78%，高于邻近裸滩沉积物有机碳含量平均值 0.27%；广西海草床沉积物有机碳密度（平均值）和碳储量分别为 48.32 Mg / $hm^2$（以 C 计）、26 721.62 Mg（以 C 计），低

---

① 刘松林，江志坚，吴云超，等 . 海草床沉积物储碳机制及其对富营养化的响应［J］. 科学通报，2017，62（Z2）：3309–3320.

于全球海草床平均碳密度 152.17 Mg / hm$^2$（以 C 计）[1]。

（2）海草床碳汇核算方法

在海草碳通量建模方面，海草底土以上部分进行光合作用，底土以下根茎储存光合作用产物，底土以下部分产生的 $CO_2$ 也是叶茎进行光合作用的重要碳源。一些研究者建立了基于底土以上和以下部分碳平衡的海草初级生产力模式。此外，科学家还建立了基于系统物质平衡的算法，包括基于海草落叶的碎屑通量算法、捕食通量算法以及海草生态系统碳输出模式等，为建立海草生态系统碳通量计算模式提供了指导。海草床的碳汇计量参数包括海草的底土以上和以下部分、海草上的附着生物、海草床中的生物以及海草滤留的有机碎屑等。

根据《海草床生态系统碳汇计量监测技术规程（试行）》，海草床的碳储量核算包括地上活生物量（海草叶片和附生植物）、地下活生物量（根系和根状茎）和沉积物碳库。结合《海洋碳汇核算指南》，这部分按照 IPCC 给出的适用方法进行整理，海草床生态系统总碳储量公式计算：

$$C_{stock} = VC_{stock} + SC_{stock} \qquad （6\text{--}14）$$

式中：$C_{stock}$ 为海草床生态系统总碳储量，单位为 Mg（以 C 计）；

$VC_{stock}$ 为植物碳储量，单位为 Mg（以 C 计）；

$SC_{stock}$ 为沉积物碳储量，单位为 Mg（以 C 计）。

①植物碳储量

植物碳储量公式为

$$VC_{stock} = VC_a + VC_b + VC_e \qquad （6\text{--}15）$$

式中：$VC_a$ 为地上生物量碳储量，单位为 Mg（以 C 计）；

$VC_b$ 为地下生物量碳储量，单位为 Mg（以 C 计）；

$VC_e$ 为附生生物量碳储量，单位为 Mg（以 C 计）。

②地上生物量碳储量

地上生物量碳储量公式计算：

$$VC_a = \sum \omega c_{org,\, i} \times M_{sp,\, i} \times S_i / S_{sp,\, i} \times 100 \qquad （6\text{--}16）$$

式中：$VC_a$ 为地上生物量碳储量，单位为 Mg（以 C 计）；

$\omega c_{org,\, i}$ 为第 $i$ 个海草分区样方植物地上部分有机碳质量分数，%；

$M_{sp,\, i}$ 为第 $i$ 个海草分区样方内植物地上部分干重，单位为 g；

$S_{sp,\, i}$ 为第 $i$ 个海草分区植物样方面积，单位为 m$^2$；

$S_i$ 为第 $i$ 个海草分区的面积，单位为 hm$^2$。

③地下生物量碳储量

地下生物量碳储量公式：

$$VC_b = \sum \omega c_{orgb,\, i} \times M_{spb,\, i} \times S_i / S_{sp,\, i} \times 100 \qquad （6\text{--}17）$$

式中：$VC_b$ 为地下生物量碳储量，单位为 Mg（以 C 计）；

---

① 李梦. 广西海草床沉积物碳储量研究［D］. 广西师范学院，2018.

$\omega c_{orgb, i}$ 为第 $i$ 个海草分区样方植物地下部分有机碳质量分数，%；

$M_{spb, i}$ 为第 $i$ 个海草分区样方内植物地下部分干重，单位为 g；

$S_{sp, i}$ 为第 $i$ 个海草分区植物样方面积，单位为 $m^2$；

$S_i$ 为第 $i$ 个海草分区的面积，单位为 $hm^2$。

④附生生物量碳储量

附生生物量碳储量公式：

$$VC_e = \sum \omega c_{orge, i} \times M_{spe, i} \times S_i / S_{sp, i} \times 100 \qquad (6\text{–}18)$$

式中：$VC_e$ 为附生生物量碳储量，单位为 Mg（以 C 计）；

$\omega c_{orge, i}$ 为第 $i$ 个海草分区样方附生生物量有机碳质量分数，%；

$M_{spe, i}$ 为第 $i$ 个海草分区样方内附生生物干重，单位为 g；

$S_{sp, i}$ 为第 $i$ 个海草分区植物样方面积，单位为 $m^2$；

$S_i$ 为第 $i$ 个海草分区的面积，单位为 $hm^2$。

⑤沉积物碳储量

沉积物碳储量公式计算：

$$SC_{stovk} = \sum C_{col, i} \times S_i \times 100 \qquad (6\text{–}19)$$

其中，

$$C_{col, i} = \sum \omega c_{som, j} \times \rho_j \times H_j \qquad (6\text{–}20)$$

式中：$SC_{stock}$ 为沉积物碳储量，单位为 Mg（以 C 计）；

$C_{col, i}$ 为 100 cm 或实际调查深度的柱状样有机碳含量，单位为 $g/cm^2$；

$S_i$ 为第 $i$ 个海草分区的面积，单位为 $hm^2$；

$\omega c_{som, j}$ 为第 $j$ 层沉积物有机碳质量分数，%；

$\rho_j$ 为第 $j$ 层沉积物容重，单位为 $g / cm^3$；

$H_j$ 为第 $j$ 层沉积物厚度，单位为 cm，第 1 层至第 5 层厚度为 10 cm，第 6 层厚度为 50 cm 或 50 cm 以深的样品实际厚度。

其中，沉积物容重计算公式：

$$\rho = m_d / \left[ \pi \times (d/2)^2 \times h \right] \qquad (6\text{–}21)$$

式中：$\rho$ 为沉积物容重，单位为 $g/cm^3$；

$m_d$ 为样品干重，单位为 g；

$d$ 为沉积物采样管内径，单位为 cm；

$h$ 为样品厚度，单位为 cm。

## 6.2.4 滨海盐沼碳汇核算

滨海盐沼湿地是地球上生产力最高的生态系统之一，有着较高的碳沉积速率和固碳能力，在缓解全球变暖方面发挥着重要作用。盐沼湿地是目前国际上公认的具有最强碳汇作用的生态系统之一，盐沼湿地主要分布在中高纬度的河口海岸地区，拥有较高的植被生产力、较低的有机质分解速率，此外，植被根冠比较大，能使地下生物量有大量的碳储存以及通过根系的传递而存储在土壤碳库中。

（1）盐沼碳汇计量研究实践

2021 年 4 月，海洋行业标准《蓝碳生态系统碳库规模调查与评估技术规程——盐沼》完成意见征求后，上海应用技术大学研究团队根据该项标准的草案建议，在杭州湾北岸鹦鹉洲恢复盐沼湿地区域开展碳库调查，计算得到调查区域植被碳储量约为 2.63 kg / m² （以 C 计），土壤碳储量约为 0.54 kg / m²（以 C 计），调查区域（1.8 hm²）蓝碳碳库约为 57.06 Mg（以 C 计）。张广帅等（2021）以辽河口盐沼湿地为例，按照 Howard[1] 的方法分别核算了养殖圩堤附近滩涂以及退养还湿后盐沼湿地的土壤碳储量和植被碳储量，分析了退养还湿后盐沼湿地土壤和植被碳库的分布格局[2]。

（2）滨海盐沼碳汇核算方法

对于草本植物为主的滨海沼泽湿地，来自海床下的有机物质生产构成了湿地土壤有机碳的最重要来源。由于湿地厌氧环境的限制，植物残体分解和转化的速率缓慢，通常表现为有机碳的累计。滨海沼泽计算碳储量的方式主要有两种，根据滨海沼泽湿地碳封存方式，结合核证减排标准（VCS）给出的《滩涂湿地和海草修复方法学》中有机碳土壤的分层标准、土壤有机碳耗竭时间标准、滨海沼泽蓝碳计量方法标准，胡学东（2018）[3] 在《国家蓝色碳汇研究报告》一书中进行了我国滨海沼泽蓝碳储量及碳通量计算方法的分析总结。

第一种计算方法是在计算土壤碳储量时，沉积物剖面第 $i$ 层平均有机碳密度 $C_i$（kg / m³）和单位面积一定深度内（$j \sim n$ 层）有机碳储量 $T_c$（10 t / km³）用下式计算：

$$C_i = D_i \times M_c \qquad (6\text{--}22)$$

$$T_c = \sum_{i=j}^{n} C_i \times d_j \qquad (6\text{--}23)$$

式中：$D_i$ 为第 $i$ 层干物质容重，单位为 g / cm³；

　　　$M_c$ 为相应的干物质含碳量，单位为 g / kg；

　　　$d_j$ 为第 $i$ 层厚度，单位为 cm。

第二种方法是基于底泥里的碳库的变化是源于碳通量的变化，包括垂直和水平的流动，即

$$dC / dt = F \qquad (6\text{--}24)$$

式中：$C$ 表示一个系统的碳库，单位为 g / m²（以 C 计）；

　　　$t$ 表示时间；

① HOWARD J., HOYT S., ISENSEE K., et al. Coastal blue carbon: methods for assessing carbon stocks and emission factors in mangroves, tidal sale marshes, and seagrass meadows［R］. Arlington, Virginia: Conservation International, Intergovernmental Oceanographic Commission of UNESCO&International Union for Conservation of Nature, 2014.

② 张广帅，蔡悦荫，闫吉顺，等 . 滨海湿地碳汇潜力研究及碳中和建议——以辽河口盐沼湿地为例［J］. 环境影响评价，2021，43（05）：18—22.

③ 胡学东，国家蓝色碳汇研究报告：国家蓝碳行动可行性研究［M］. 中国书籍出版社，2020.

$F$ 表示各类碳通量［（垂直或水平的汇和源），单位为 $g/(m^2 \cdot s)$（以 C 计）。

因此，研究蓝碳的量，既可以观测各类通量，算出总量，也可以直接观测碳库的变化。通量的观测属于瞬时观测，比较复杂，误差大，但优点是可以了解具体碳库变化的机理和过程，为建模提供数据基础。碳库的测量相对简单，可以得出一年或几年的变化量，但无法给出季节性变化或各个碳通量的贡献。对于蓝碳碳汇及增汇的估算具有不确定性，原因有两点：一是缺少具体统一的海岸带蓝碳碳汇储量及增量计算的方法学体系，不同的研究过程使用的研究方法不尽相同；二是因为不同区域海岸带碳的沉积、周转、埋藏速率及其时空变异性，故需要关注海岸带生态系统碳的水平输送对近海区域碳周转、埋藏速率的影响。

## 6.3　海洋碳汇经济价值核算

海洋碳汇方法学和标准的建立是发展海洋碳汇的基础，海洋碳汇的经济价值核算是推动海洋碳汇进入中国碳交易市场、优化海洋资源配置的前提条件，具有重要的理论和实践意义。海洋碳汇交易市场中，资源的供给者可以将有效的碳汇经济价值通过碳市场进行交易，不仅有利于碳汇功能价值的实现，而且碳汇收益可以作为碳汇生产者的价值补偿和生态建设投入。同时，在目前海洋空间等资源价值被低估、资源难以实现最优配置的情况下，海洋碳汇经济价值的核算能够为海洋空间开发、海洋资源利用等海洋经济活动的生态补偿机制提供重要的参考与补充。

### 6.3.1　海洋碳汇的价值量核算

价格是商品价值的直接表现形态，海洋碳汇价值的表现形态除了蓝碳资源产品的市场交易价格以外，还表现在气候调节、休闲娱乐、净化水质、科研文化价值等生态系统服务价值。目前对蓝碳资源的生态系统服务价值的核算缺乏市场价格，需要更多的理论研究与实践上的探索。

海洋碳汇的价值量高低与前面的实物量即碳储量密切相关。经测算，威海市 2016 年贝藻类固定的 45 万吨碳的经济价值约为 4.44 亿～17.9 亿元人民币[①]，广东省 2009 年贝藻类减排 39.6 万吨碳的经济价值约为 0.594 亿～2.38 亿美元[②]。参考海洋生态系统服务价值测算方法，贺义雄（2021）[③]认为，可以考虑将价值系数法、功能价值评估法、生物物理学方法应用于海洋碳汇价值量计算，如考虑海洋碳汇的公共物品属性使得基于居民支付意愿的条件价值评估法（Contingent Valuation Method，CVM）适用于对其价值量的计算[④]。同时，利用 B–S 期权定价模型计算，我国 2004—2015 年海水养殖藻类的期权价值

① 相昌慧，董华伟，侯仕营，等.威海市海参产业发展现状及建议［J］.现代农业科技，2017（11）：260–261.
② 齐占会，王珺，黄洪辉，等.广东省海水养殖贝藻类碳汇潜力评估［J］.南方水产科学，2012，8（01）：30–35.
③ 贺义雄.海洋生态产品价值核算研究综述［J］.会计之友，2021，（11）：99–105.
④ 李梦娜.基于 CVM 的海洋碳汇价值研究［D］.浙江海洋学院，2014.

均大于 0，为评估渔业碳汇价值提供了合理的依据[①]。但是，当前社会整体的文化理念、价值观等对海洋碳汇的认同还有待提升，海洋碳汇价值仍然不能够得到完好体现与回报，潜力难以全面激发。

对于海洋碳汇价值量计算，刘芳明等（2019）[②]认为，海洋碳汇作为一种生态资源，其价值构成与环境资源价值构成有相通之处。环境资源的总经济价值包括使用价值（分为直接使用价值、间接使用价值、选择价值）和非使用价值（分为遗产价值和存在价值），该价值分类方法被归纳为"五分型分类"[③]。因此，研究将蓝色碳汇的经济价值分为两级分类体系，构建分类价值核算指标体系。一级分类是蓝色碳汇的使用价值与非使用价值，二级分类分别对使用价值与非使用价值进行细化，两级分类体系下细致划分为具体的价值，见下表6–2。在分类核算指标体系的基础上，根据每个分类价值的特点，采用相分类价值核算方法，可以将蓝色碳汇的各类生态系统服务价值核算为具体的经济价值，也可以为某个具体的核算指标经济价值核算提供一定参考。

表 6–2　海洋碳汇经济价值核算指标

| 价值类型 | | 具体内涵 | 核算指标 | 备注 |
| 一级分类 | 二级分类 | | | |
| --- | --- | --- | --- | --- |
| 使用价值 | 直接使用价值 | 食用或药用价值 | 贝类产品<br>甲壳类产品<br>部分可食用藻类 | 包括捕捞和养殖<br>包括捕捞和养殖<br>养殖 |
| 使用价值 | 直接使用价值 | 氧气价值 | 浮游植物<br>大型藻类<br>红树林湿地<br>海草床 | |
| | | 科研文化价值 | 公开发表的以海洋碳汇为主题的科技论文、专利、著作等科技成果 | |
| | | 休闲娱乐价值 | 红树林湿地<br>珊瑚礁 | |
| | 间接使用价值 | 气候调节价值 | 海水吸收二氧化碳<br>海洋植物初级生产固定二氧化碳 | 主要包括浮游植物、大型藻类、海草床和红树林湿地 |
| | | 净化价值 | 红树林湿地 | 主要包括废水、COD、氮、磷 |
| 非使用价值 | 选择价值<br>遗产价值<br>存在价值 | 生物多样性价值 | 濒危物种、基因资源等 | |

对于各类海洋碳汇价值的具体测算，当前常用的海洋碳汇测算方法有市场价值法、替

①　邵桂兰，任肖嫦，李晨. 基于 B–S 期权定价模型的碳汇渔业价值评估——以海水养殖藻类为例［J］. 中国渔业经济，2017，35（05）：76–82.

②　刘芳明，刘大海，郭贞利. 海洋碳汇经济价值核算研究［J］. 海洋通报，2019，38（01）：8–13.

③　李金昌. 数据之妙［J］. 统计科学与实践，2022，（05）：62.

代成本法、直接成本法、收益价值法、旅游费用法、碳税法、碳交易价格法和意愿价值法等，见下表6–3。实际操作中，根据不同类型的海洋碳汇的特点以及实际测算过程中的可操作性，可适用不同的方法。

表 6–3　常用海洋碳汇的具体测算方法

| 测算方法 | 内涵 |
| --- | --- |
| 市场价值法 | 直接采用产品市场参考价格 |
| 替代成本法 | 以人工成本作为替代参考价格 |
| 直接成本法 | 以投入成本衡量其价值 |
| 收益价值法 | 以成果出售的总收益衡量其价值 |
| 旅游费用法 | 旅游价值等于游客旅游总费用与消费者剩余价值之和 |
| 碳税法 | 以对排放单位二氧化碳征收的税额来衡量二氧化碳价格，用以测算海洋碳汇价值 |
| 碳交易价格法 | 以碳交易所市场交易价格作为二氧化碳的价格，用以测算海洋碳汇价值 |
| 意愿价值法 | 根据人们愿意支付的最高价格或者能够接受的最大赔偿价格来衡量海洋碳汇价值 |

在海洋碳汇资源中，如养殖贝类、藻类的可食用部分以及药用部分具有直接交易市场价格，可以采用市场价值法核算其价值。而水体净化价值与减排价值是生态系统服务价值，缺乏市场交易价格，这类生态系统服务价值则采用替代成本法、旅游费用法、碳税法与人工造林法以及意愿价值法等进行核算。

海洋碳汇的经济价值核算方法是通过对蓝碳资源的不同生态系统服务价值进行分类计算，使用对应的价值核算方法，将生态系统服务价值转换为海洋碳汇的总经济价值。其中，对于养殖贝类碳汇价值的计算方法主要采用碳税法和人工造林法，这两种价值核算方法的共同原理是价格替代，使用的是国内外的碳交易价格，并非养殖贝类自身的碳汇价格，受限于养殖贝类碳汇这类生态系统服务价值的市场价格缺失。

## 6.3.2　海洋碳汇经济价值核算方法

科学准确地核算海洋碳汇的经济价值，是推动海洋碳汇发展的基础性工作。2022 年9 月，我国首个综合性海洋碳汇核算标准《海洋碳汇核算方法》（HY/T 0349—2022）（以下简称《标准》）由自然资源部批准发布，并于 2023 年 1 月 1 日起正式实施。《标准》于2017 年立项，由自然资源部第一海洋研究所牵头编制，为海洋碳汇能力评估和海洋碳汇经济价值核算与区域比较提供了一套适用方法。《标准》认为海洋碳汇是红树林、盐沼、海草床、浮游植物、大型藻类、贝类等从空气或海水中吸收并储存大气中 $CO_2$ 的过程、活动和机制，规定了海洋碳汇核算工作的流程、内容、方法及技术等要求，确保海洋碳汇核算工作有标可依，填补了该领域的行业标准空白。

根据《标准》，海洋碳汇经济价值是指海洋碳汇提供的物质性产品和环境调节服务的市场价值，即海洋生态系统服务价值中的海洋供给服务价值和海洋调节服务价值，包括产品价值、储碳价值、释氧价值和净化价值。基于该定义，在核算海洋碳汇经济价值之前，有必要对海洋碳汇能力进行评估以获取海洋碳汇经济价值核算的基础数据。

（1）海洋碳汇能力评估

海洋碳汇能力由红树林碳汇能力、盐沼碳汇能力、海草床碳汇能力、浮游植物碳汇能力、大型藻类碳汇能力和贝类碳汇能力等组成。在海洋碳汇能力评估中，结合《国家蓝色碳汇研究报告：国家蓝碳行动可行性研究》中对于海洋碳汇的整体考量，该《标准》（报批稿）主要参考了国内地方标准《红树林湿地生态系统固碳能力评估技术规程》（DB 45/T 1230—2015）和 InVEST 模型中的蓝碳评估模型以及相关论文中较为成熟的方法。

1）海洋碳汇总能力评估

海洋碳汇能力计算如下：

$$C_{ocean} = \sum C_i \qquad (6-25)$$

式中：$C_{ocean}$ 为海洋碳汇能力，单位为 g / a；

$C_i$ 为第 $i$ 种海洋碳汇类型（包括红树林、盐沼、海草床、浮游植物、大型藻类、贝类等）的碳汇能力，单位为 g / a。

《标准》中碳汇能力评估以储存的碳（C）量作为计算结果。

2）红树林碳汇能力评估

①红树林碳汇总能力

红树林碳汇总能力计算如下：

$$C_{mangroves} = C_{ms} + C_{mp} \qquad (6-26)$$

式中：$C_{ms}$ 为红树林沉积物碳汇能力，单位为 g / a；

$C_{mp}$ 为红树林植物碳汇能力，单位为 g / a。

②红树林沉积物碳汇能力

红树林沉积物碳汇能力采用 DB 45/T 1230—2015 的 5.2.1 规定的标志桩法测定，计算如下：

$$C_{ms} = \rho_{mangroves} \times S_{mangroves} \times R_{mangroves} \times A_{mangroves} \qquad (6-27)$$

式中：$\rho_{mangroves}$ 为红树林沉积物容重，单位为 g / cm$^3$；

$S_{mangroves}$ 为红树林沉积物有机碳含量，单位为 mg / g；

$R_{mangroves}$ 为红树林沉积物沉积速率，单位为 mm / a；

$A_{mangroves}$ 为红树林面积，单位为 m$^2$。

③红树林植物碳汇能力

红树林植物调查采用 HY/T 081—2005 的 5.4.1 规定的群落样方调查方法。红树林植物碳汇能力计算如下：

$$C_{mp} = \sum \left( A_i^{mp} \times P_i^{mp} \times CF_i^{mp} \right) \qquad (6-28)$$

式中：$A_i^{mp}$ 为第 $i$ 个站位红树林面积，单位为 m$^2$；

$P_i^{mp}$ 为第 $i$ 个站位红树林植物年净初级生产力，单位为 g /（m$^2 \cdot$ a）；

$CF_i^{mp}$ 为第 $i$ 个站位红树林植物平均含碳比率，无量纲。

3）盐沼碳汇能力评估

①盐沼碳汇总能力

盐沼碳汇能力计算如下：

$$C_{saltmarsh} = C_{ss} + C_{sp}$$（6–29）

式中：$C_{ss}$ 为盐沼沉积物碳汇能力，单位为 g / a；

$C_{sp}$ 为盐沼植物碳汇能力，单位为 g / a。

②盐沼沉积物碳汇能力

盐沼沉积物碳汇能力采用 DB 45/T 1230—2015 的 5.2.1 规定的标志桩法测定，计算如下：

$$C_{ss} = \rho_{saltmarsh} \times S_{saltmarsh} \times R_{saltmarsh} \times A_{saltmarsh}$$（6–30）

式中：$\rho_{saltmarsh}$ 为盐沼沉积物容重，单位为 g / cm³；

$S_{saltmarsh}$ 为盐沼沉积物有机碳含量，单位为 mg / g；

$R_{saltmarsh}$ 为盐沼沉积物沉积速率，单位为 mm / a；

$A_{saltmarsh}$ 为盐沼面积，单位为 m²。

③盐沼植物碳汇能力

盐沼植物调查采用 HY/T 081—2005 的 5.4.1 规定的群落样方调查方法。盐沼植物碳汇能力计算如下：

$$C_{sp} = C \left( A_i^{sp} \times P_i^{sp} \times CF_i^{sp} \right)$$（6–31）

式中：$A_i^{sp}$ 为第 $i$ 个站位盐沼面积，单位为 m²；

$P_i^{sp}$ 为第 $i$ 个站位盐沼植物年净初级生产力，单位为 g /（m² · a）；

$CF_i^{sp}$ 为第 $i$ 个站位盐沼植物平均含碳比率，无量纲。

4）海草床碳汇能力评估

①海草床碳汇总能力

海草床碳汇能力计算如下：

$$C_{seagrass} = C_{sgs} + C_{sgp}$$（6–32）

式中：$C_{sgs}$ 为海草床沉积物碳汇能力，单位为 g / a；

$C_{sgp}$ 为海草床植物碳汇能力，单位为 g / a。

②海草床沉积物碳汇能力

海草床沉积物碳汇能力采用 DB 45/T 1230—2015 的 5.2.1 规定的标志桩法测定，计算如下：

$$C_{sgs} = \rho_{seagress} \times S_{seagress} \times R_{seagress} \times A_{seagress}$$（6–33）

式中：$\rho_{seagress}$ 为海草床沉积物容重，单位为 g / cm³；

$S_{seagress}$ 为海草床沉积物有机碳含量，单位为 mg / g；

$R_{seagress}$ 为海草床沉积物沉积速率，单位为 mm / a；

$A_{seagress}$ 为海草床面积，单位为 m²。

③海草床植物碳汇能力

海草床植物调查采用 HY/T 081—2005 的 5.4.1 规定的群落样方调查方法。海草床植物碳汇能力计算如下：

$$C_{sgp} = \sum \left( A_i^{sgp} \times P_i^{sgp} \times CF_i^{sgp} \right) \tag{6-34}$$

式中：$A_i^{sgp}$ 为第 $i$ 个站位海草床面积，单位为 $m^2$；

$P_i^{sgp}$ 为第 $i$ 个站位海草床植物年净初级生产力，单位为 $g/(m^2 \cdot a)$；

$CF_i^{sgp}$ 为第 $i$ 个站位海草床植物平均含碳比率，无量纲。

5）浮游植物碳汇能力评估

浮游植物碳汇能力采用 GB 17378.7—2007 的第 8 章规定的叶绿素 $a$ 法测定，计算如下：

$$C_{phytoplankton} = A_{sea} \times P_{phytoplankton} \times CF_{phytoplankton} \tag{6-35}$$

式中：$A_{sea}$ 为评估海域的面积，单位为 $m^2$；

$P_{phytoplankton}$ 为浮游植物年净初级生产力，单位为 $g/(m^2 \cdot a)$；

$CF_{phytoplankton}$ 为浮游植物平均含碳比率，无量纲。

6）大型藻类碳汇能力评估

①大型藻类碳汇总能力

大型藻类碳汇总能力计算如下：

$$C_{macroalgae} = C_{mas} + C_{map} \tag{6-36}$$

式中：$C_{mas}$ 为大型藻类沉积物碳汇能力，单位为 $g/a$；

$C_{map}$ 为大型藻类植物碳汇能力，单位为 $g/a$。

②大型藻类沉积物碳汇能力

大型藻类沉积物碳汇能力采用 DB 45/T 1230—2015 的 5.2.1 规定的标志桩法测定，计算如下：

$$C_{mas} = \rho_{macroalgae} \times S_{macroalgae} \times R_{macroalgae} \times A_{macroalgae} \tag{6-37}$$

式中：$\rho_{macroalgae}$ 为大型藻类沉积物容重，单位为 $g/cm^3$；

$S_{macroalgae}$ 为大型藻类沉积物有机碳含量，单位为 $mg/g$；

$R_{macroalgae}$ 为大型藻类沉积物沉积速率，单位为 $mm/a$；

$A_{macroalgae}$ 为大型藻类覆盖面积，单位为 $m^2$。

③大型藻类植物碳汇能力

大型藻类植物碳汇能力计算如下：

$$C_{map} = \sum \left( P_i^{ma} \times K_i^{ma} \times CF_i^{ma} \right) \tag{6-38}$$

式中：$P_i^{ma}$ 为第 $i$ 种大型藻类植物的生物量（湿重），单位为 $g/a$；

$K_i^{ma}$ 为第 $i$ 种大型藻类植物湿重与干重之间的转换系数，无量纲；

$CF_i^{ma}$ 为第 $i$ 种大型藻类植物干质量下的含碳比率，无量纲。

7）贝类碳汇能力评估

①贝类碳汇总能力

贝类碳汇能力计算如下：

$$C_{\text{shellfish}} = C_{\text{sfs}} + \sum \left( CB_j^{\text{sh}} + CZ_j^{\text{sh}} \right) \tag{6-39}$$

式中：$C_{\text{sfs}}$ 为贝类沉积物碳汇能力，单位为 g / a；

$CB_j^{\text{sh}}$ 为第 $j$ 种类贝类贝壳碳汇能力，单位为 g / a；

$CZ_j^{\text{sh}}$ 为第 $j$ 种类贝类软体组织碳汇能力，单位为 g / a。

②贝类沉积物碳汇能力

贝类沉积物碳汇能力采用 DB 45/T 1230—2015 的 5.2.1 规定的标志桩法测定，计算如下：

$$C_{\text{sfs}} = \rho_{\text{shellfish}} \times S_{\text{shellfish}} \times R_{\text{shellfish}} \times A_{\text{shellfish}} \tag{6-40}$$

式中：$\rho_{\text{shellfish}}$ 为贝类沉积物容重，单位为 g/cm；

$S_{\text{shellfish}}$ 为贝类沉积物有机碳含量，单位为 mg/g；

$R_{\text{shellfish}}$ 为贝类沉积物沉积速率，单位为 mm/a；

$A_{\text{shellfish}}$ 为贝类覆盖面积，单位为 $\text{m}^2$。

③贝类贝壳碳汇能力

贝类贝壳碳汇能力计算如下：

$$CB_j^{\text{sh}} = P_j^{\text{sh}} \times K_j^{\text{sh}} \times R_j^{\text{sh1}} \times CF_j^{\text{sh1}} \tag{6-41}$$

式中：$P_j^{\text{sh}}$ 为第 $j$ 种贝类的生物量（湿重），单位为 g / a；

$K_j^{\text{sh}}$ 为第 $j$ 种贝类湿重与干重之间的转换系数，无量纲；

$R_j^{\text{sh1}}$ 为第 $j$ 种贝类干重状态下的贝壳干质量占比，无量纲；

$CF_j^{\text{sh1}}$ 为第 $j$ 种贝类贝壳干质量下的含碳比率，无量纲。

④贝类软体组织碳汇能力

贝类软体组织碳汇能力计算如下：

$$CZ_j^{\text{sh}} = P_j^{\text{sh}} \times K_j^{\text{sh}} \times R_j^{\text{sh2}} \times CF_j^{\text{sh2}} \tag{6-42}$$

式中：$R_j^{\text{sh2}}$ 为第 $j$ 种贝类干重状态下的软体组织干质量占比，无量纲；

$CF_j^{\text{sh2}}$ 为第 $j$ 种贝类软体组织干质量下的含碳比率，无量纲。

（2）海洋碳汇经济价值核算

海洋碳汇经济价值核算部分充分吸纳国内各相关行业执行的现行标准及要求，与现有的先进核算技术水平相适应。该部分依据与碳汇功能关系最紧密的供给功能与调节功能，海洋碳汇经济价值包括产品价值、储碳价值、释氧价值和净化价值。部分指标具有直接交易的市场价格，采用市场价值法核算其价值；部分指标难以界定其市场价格，采用替代成本法进行核算。该《标准》主要参考了国内地方标准 DB 3201/T 1041—2021《生态系统生产总值（GEP）核算技术规范》、DB 4403/T 141—2021《深圳市生态系统生产总值核算技术规范》以及较为成熟的海洋生态系统服务价值评估方法。

（1）海洋碳汇总经济价值

海洋碳汇经济价值计算如下：

$$V_{ocean} = V_P + V_C + V_O + V_Q \qquad (6-43)$$

式中：$V_{ocean}$ 为海洋碳汇经济价值，单位为万元 / a；

    $V_P$ 为产品价值，单位为万元 / a；

    $V_C$ 为储碳价值，单位为万元 / a；

    $V_O$ 为释氧价值，单位为万元 / a；

    $V_Q$ 为净化价值，单位为万元 / a。

（2）产品价值

产品价值核算采用市场价值法，计算如下：

$$V_P = \sum (Q_i \times P_i) \qquad (6-44)$$

式中：$Q_i$ 为第 $i$ 种具有食用或药用价值的贝类产品或可食用藻类的产量，单位为 t / a；

    $P_i$ 为第 $i$ 种具有食用或药用价值的贝类产品或可食用藻类的市场价格，单位为万元 / t。

（3）储碳价值

储碳价值核算采用市场价值法，计算如下：

$$V_C = C_{ocean} \times k_1 \times P_C \times 10^{-6} \qquad (6-45)$$

式中：$k_1$ 为碳的质量转化成二氧化碳的质量的系数 44/12，无量纲；

    $P_C$ 为当地碳交易价格，单位为万元 / t。

（4）释氧价值

释氧价值核算采用替代成本法，计算如下：

$$V_O = C_{ocean} \times k_2 \times C_1 \times 10^{-6} \qquad (6-46)$$

式中：$k_2$ 为碳的质量转化成氧气的质量的系数 32/12，无量纲；

    $C_1$ 为工业制氧成本，单位为万元 / t。

（5）净化价值

净化价值核算计算如下：

$$V_Q = \sum (Q_j \times C_j^A + E_j \times C_j^W) \qquad (6-47)$$

式中：$Q_j$ 为第 $j$ 类大气污染物净化量，单位为 t / a；

    $C_j^A$ 为第 $j$ 类大气污染物处理费用，单位为万元 / t；

    $E_j$ 为第 $j$ 类水污染物净化量，单位为 t / a；

    $C_j^W$ 为第 $j$ 类水污染物处理费用，单位为万元 / t。

大气污染物主要包括二氧化硫、氮氧化物、烟尘等；水污染物主要包括化学需氧量、氨氮等。

海洋碳汇经济价值评估是一个多因素综合作用的复杂系统，其方法选择具有复杂性。海洋碳汇总量、定价方法以及海洋碳汇交易市场建设都需要深入研究。《标准》提供了一套完整的用于核算我国海洋碳汇经济价值的实施方案，包括具体实施步骤和要点，解决了海洋碳汇的量化问题和价值确定问题，使得海洋碳汇经济价值核算成为可能。当然，在海洋碳汇能力评估时，由于计量方式多以实地检测为主，评估公式中关键参数（包括沉积物有机碳含量、沉积速率、净初级生产力等）的获取方法或计算要求不明确；在海洋碳汇经济价值核算时，计算公式的关键参数（包括当地碳交易价格、工业制氧成本、大气污染物净化量、污染物处理费用等）的获取途径或参考依据不明，将给实际操作造成困难。此外，相关研究还提供了基于市场机制核算海洋碳汇经济价值的几种方法，海洋生态系统服务价值推荐核算方法见表6-4。

表6-4　海洋生态系统服务价值推荐核算方法

| 方法 | 说明 |
| --- | --- |
| 影子工程法 | 影子工程法又称为恢复费用法、重置成本法，是指在环境破坏后，人工建造一个"影子"工程来代替原来的环境功能，用建造新工程的费用来估计环境污染或破坏所造成的环境经济损失的一种方法。例如，在计算森林生态效益时，因为森林每年造成的社会效益不易计算，所以可以假定森林不存在，依据用其他方法来取得和森林一样的社会效益需要消耗的费用来评估。影子工程法适用于防风固沙、干扰调节等功能指标的价值估算 |
| 市场价格法 | 市场价格法的原理是把环境看成生产要素，环境状况的变化导致生产率和生产成本的变化，从而引起产值和利润等变化，而产值和利润是可以用市场价格来计算的，进而计算出环境变化的经济效益或生态损失。例如，土壤流失会影响山地农作物的产量；灌溉水水质的改善（如盐分降低）可以提高粮食作物的生产率；工厂空气污染对工厂周围的农业生产率有不利影响。市场价格法适用于食品生产和原料生产功能等功能指标的价值估算 |
| 防护费用法 | 防护费用法是指人们愿意为消除或减少环境有害影响而采取防护措施并承担相关费用的经济分析方法。其实质是将防护费用作为环境效益或生态损失的最低估价。测算防护费用法，要根据环境的基本情况，结合多种因素综合分析，找到生态效益损失的最低估价。防护费用法通常适用于干扰调节、污染处理等功能指标的价值估算 |
| 替代成本法 | 替代成本法所针对的环境效应和服务功能往往不能直接通过市场买卖交易，但是这些环境效应和服务功能可以被某种产品替代，因此估算替代产品的直接成本以评估这些环境效应和服务功能。<br>在评估海岸带生态系统服务功能时，替代成本法通过计算替代服务的直接成本来评估某种海岸带生态系统服务的价值，例如，海洋生态系统的生物控制功能价值可采用污水处理厂对氮、磷等的污水处理成本和排放这些污染应缴纳的排污费或投资费用来评估 |
| 支付意愿法 | 支付意愿法是指通过调查人们的支付意愿或接受意愿来估算某种服务功能的价值。支付意愿法是基于商品和服务价值，反映的是人们为获取该价值的支付意愿，也可以反映为舍弃他们愿意接受的赔偿。它适用于对海洋地貌、文化娱乐等功能的价值估算。<br>支付意愿法是海洋及海岸带生态服务功能价值评估的常用方法。这是因为海洋及海岸带的生态服务功能的价值很多时候是一种存在价值，而不是实物价值，因此其价值适用于通过调查人们的支付意愿或接受意愿来计量，即调查人类为了避免某些能观察到的海洋及海岸带生态系统服务的消失所愿意支付的货币数量 |
| 旅游费用法 | 旅行费用法是一种专业方法，生态系统服务的旅游休闲功能一般采用旅行费用法计算。此方法常常被用来评估那些没有市场价格的自然景点或者环境资源的价值，它评估的是旅游者通过消费环境商品或服务所获得的效益或对这些旅游场所的消费意愿，以此估算出某景点的旅游休闲服务功能价值 |

# 7 广东省蓝碳碳汇交易案例及体系设计

## 7.1 国际碳交易案例

### 7.1.1 政策背景和碳排放交易价格变化

国际上与碳交易有密切关联的政策主要有《联合国气候变化框架公约》《京都议定书》《巴黎协定》和《格拉斯哥气候公约》。①《联合国气候变化框架公约》于 1992 年通过，是世界上第一个为全面控制二氧化碳等温室气体排放、应对全球气候变暖给人类经济和社会带来不利影响的国际公约，也是国际社会在应对全球气候变化问题上进行国际合作的一个基本框架，其终极目标是防止气候系统受到"危险的"人为干扰。② 1997 年通过的《京都议定书》是《联合国气候变化框架公约》下的第一份具有法律约束力的文件，是人类历史上首次以法规的形式限制温室气体排放的文件，也是全球唯一一个自上而下且具有法律约束力的温室气体减排条约。③《巴黎协定》是《联合国气候变化框架公约》下继《京都议定书》后第二个具有法律约束力的协定，于 2015 年颁布，此文件首次让所有国家共同致力于实现相同的目标，做出大胆努力以应对气候变化并适应其影响，加大力度支持发展中国家做出同样的努力，也是对 2020 年后全球应对气候变化的行动作出的统一安排。④ 2021 年各国达成的《格拉斯哥气候公约》中重申《巴黎协定》的重要内容，即把全球平均气温升幅控制在工业化前水平以上低于 2 摄氏度之内，并努力将气温升幅限制在工业化前水平以上1.5 摄氏度之内。与此同时，会议还承诺将通过"适应基金"增加资金支持，促进资金流动和适应气候变化，确保在 2025 年前，敦促发达国家将对发展中国家的支持增加一倍。

碳排放交易价格是一种具有成本效益的政策工具，各国政府可以对温室气体排放进行定价，从而产生减少这些排放或增加清除量的财政激励，通过将气候变化成本纳入经济决策，制定碳排放交易价格有助于鼓励生产、消费和投资模式的改变，从而支撑低碳增长。各国政府可以使用各种政策工具对碳进行定价，这些工具都可以根据国内情况、优先事项和需求进行调整。碳排放交易价格对气候的影响取决于价格的应用范围、价格水平以及减排机会的可用性。整个经济的碳价政策比仅限于某些部门或商品的碳价更有效，更高的碳价可以激励更多的减排 ①。由于气候政策以及全球能源商品价格等经济因素的推动，碳排

---

① THE WORLD BANK. State and Trends of Carbon Pricing 2022［R］. Washington, DC: THE WorLd Bank, 2022: 20.

放交易价格在世界多个地区都再创新高，欧盟和瑞士的连接[①]、美国加利福尼亚州和加拿大魁北克省的连接、区域温室气体减排行动（RGGI）和新西兰的碳排放交易市场中的碳价在2021年均创下新纪录；英国碳排放交易市场的价格自2021年年中开始也大幅度上涨；由于全球碳排放交易价格上涨，韩国国内市场对碳交易发展持积极态度，截至2022年2月，韩国国内碳排放交易价格小幅回升至新冠肺炎疫情大流行之前的历史高点（图7-1～图7-3）。

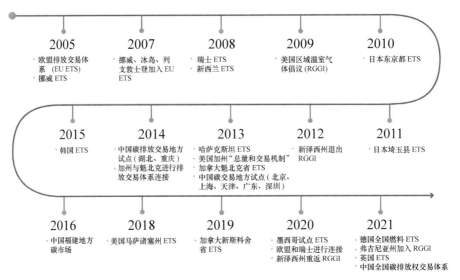

图 7-1　国际碳排放交易平台建立时间表

ICAP.碳排放权交易实践手册设计与实施（第二版）［R］.华盛顿：世界银行，2022：19

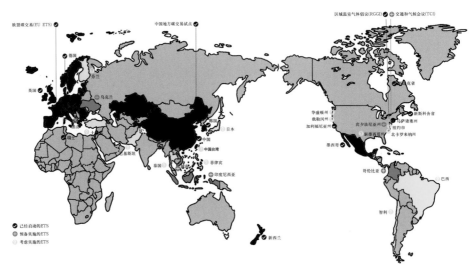

图 7-2　国际碳排放交易平台实施情况

同图 7-1 注

---

① 连接指在有或无限制的情况下，一个辖区内的碳排放交易体系允许其受管控实体使用另一司法管辖区发放的配额完成履约，或允许一个辖区发放的配额在另一个辖区的碳排放交易体系中用于履约。

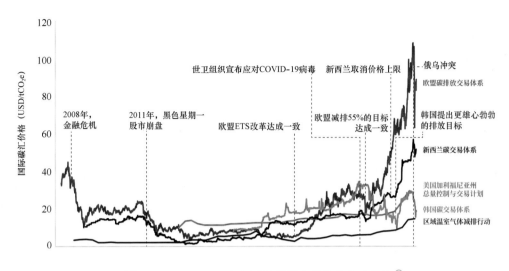

图 7-3 2008—2021 年国际碳排放交易价格变动趋势 [1]

### 7.1.2 国际主要碳市场情况总结 [2]

据世界银行 2022 年报告显示，欧盟、美国加利福尼亚州、新西兰和韩国等市场的碳排放交易价格创下纪录。①欧盟碳排放交易体系（EU-ETS）。该体系于 2005 年开始运行，是依据欧盟法令和国家立法的碳交易机制，一直是世界上参与国最多、规模最大、最成熟的碳排放权交易市场。从市场规模上来看，根据路孚特（Refinitiv）对全球碳交易量和碳价格的评估，2020 年欧盟碳交易体系的碳交易额达到 1690 亿欧元左右，占全球碳市场份额的 87%。继 2021 年 7 月发布欧盟绿色转型计划（Fit for 55）后，欧盟计划实行新的改革方案，以使欧盟排放交易体系与新的欧盟 2030 年气候目标保持一致，拟定的改革包括调整上限、市场稳定储备、基准、纳入海事部门、边境碳机制以及用于建筑物和道路运输的单独燃料碳交易体系等内容。②美国加利福尼亚州总量控制与交易计划（California Cap-and-Trade Program）。尽管区域温室气体减排行动（RGGI）是第一个强制性的、以市场为基础的温室气体减排计划，但北美尚未形成统一碳市场。在美国加利福尼亚州的总量控制与交易计划后来居上，成为全球最为严格的区域性碳市场之一。2021 年，加利福尼亚州修改了部分计划，包括引入价格上限和低于价格上限的两个价格控制储备等级、减少抵消信贷的使用，以及将津贴上限大幅度下降至 2030 年。③新西兰碳交易体系（NZ-ETS）。该体系是大洋洲唯一强制性碳排放权交易市场，是目前各碳交易市场体系中覆盖行业范围最广的碳市场，包括电力、工业、国内航空、交通、建筑、废弃物、林业、农业 [3] 等行业。在 2020 年修订的《2002 年应对气候变化法》中修改包括对单位供应设置上

① THE WORLD BANK. State and Trends of Carbon Pricing 2022［R］.Washington, DC: THE WorLd Bank, 2022: 21.

② ICAP. EMISSIONS TRADINGWORLDWIDE Status Report 2022［R］.Washington, DC: THE WorLd Bank, 2022: 48–195.

③ 目前新西兰农业仅需要报告排放数据，不需要履行减排义务。

限并引入拍卖机制。随着拍卖的进行，之前作为价格上限的固定价格期权被撤销，取而代之的是成本控制准备金（CCR）。CCR 在 2021 年 9 月拍卖期间被触发，2021 年所有可用的储备津贴都被释放以供出售。④韩国碳交易体系（K–ETS）。韩国是亚洲第一个开启全国统一碳交易市场的国家，在全球范围内来看，近几年韩国碳排放量排名靠前，2019 年韩国碳排放量居世界第七位，且整体排放呈波动上涨趋势。2020 年 12 月 30 日，韩国已向联合国气候变化框架公约秘书处提交了政府近期在国务会议上表决通过的"2030 国家自主贡献（NDC）"目标，即争取到 2030 年将温室气体排放量较 2017 年减少 24.4%。2021 年，韩国制定《碳中和与绿色增长框架法案》，将政府原本在 2020 年宣布的 2050 年碳中和目标制度化。

### 7.1.3　国际蓝碳交易发展情况

蓝碳作为应对气候变化的方案之一，早已进入国际碳规制的范围，但长期以来只是作为一种补充性治理路径。在 1992 年的《二十一世纪议程》（第 17 章第 102 段）中就提到要关注气候变化对海洋的影响，认为海洋的碳汇功能在应对气候变化方面起到重要作用。这是较早提到利用海洋碳汇功能减缓气候变化的国际文书。而"蓝碳"一词最早出现在 2009 年联合国环境规划署（UNEP）、联合国教科文组织政府间海洋学委员会（IOC/UNESCO）和联合国粮农组织（FAO）联合发布的《蓝碳：健康海洋对碳的固定作用——快速反应评估报告》（以下简称《蓝碳报告》），明确了海洋生态系统在气候变化和碳循环中起到的作用，该文件是联合国环境规划署等机构发布的一份工作报告，虽然不具有法律约束力，但提出的建议对之后把保护和发展蓝碳纳入国际碳规制法律体系起到了推进作用[1]。2019 年，UNFCCC 缔约方会议，联合国政府间气候变化专门委员会（IPCC）发布《气候变化中的海洋和冰冻圈特别报告》（SROCC），该报告指出蓝碳是海洋自然系统减缓气候变化的主要途径，将蓝碳定义为"易于管理的海洋系统所有生物驱动碳通量及存量"，并将红树林、海草床、滨海盐沼和大型海藻列为四类海岸带蓝碳。

自《蓝碳报告》发布以来，国际社会不断推动气候变化框架下的蓝碳议程。

一是鼓励将蓝碳列入国家自主贡献[2]。①欧盟及其成员国在为发展蓝碳积极努力。2021 年 12 月，欧盟委员会在关于去除、回收和可持续储存碳建议的文件中强调，欧盟将通过发起蓝碳倡议、加强对海洋生态脆弱地区的风险研判、加强对沿海地区生态环境和生物多样性的保护投资、加大对沿海湿地的海藻类植物和软体动物的养殖培育等多种方式，

---

① 邓洁琳，周美恩 . 聚焦海岸带蓝碳生态系统保护，助力我国蓝碳发展［EB/OL］．［2021–11–04］. https：//www.baidu.com/link?url=HLtQRa5Wbl89LADBizL3GQcH0wSvMdsFmjxGI–7S1HHvWZNVMpVfyjbreu557P7HBDqXZKPBGcpfz–pGLURcMcuFnq0IuA7iZbhL35Gy–AGOufzymFYxlDrfxKRIaniY8N2eIm2WaNcqnIe6PDLFc1uWfB01I7BZm–zjsFYL3X1lvkMB–6M8QbpIgwKooUQT0xfuRhI15N6rCHmbJKZ_LjT9ZMlPNVGRfsCxJwTaew_gkU2EKwvylbaCErhO1DQN0bjR9cIubDsN23j0giZu–WXa&wd=&eqid=dc17906f000860ba0000000663fc6800.

② 王胜 . 国内外蓝碳发展实践及对海南的启示［EB/OL］．［2022–04–20］. https：//mp.weixin.qq.com/s?__biz=MzIx–NTY0MDAzMw==&mid=2247493249&idx=2&sn=7b379eb15f5a529e65e631fada5b44b2&chksm=9797940fa0e01d19bde9d907caf2f–9657c39a0939bc97a12090468d49e52dc6ec36886b66948&scene=27.

大力发展蓝碳经济，实现碳吸收、碳固定和粮食安全、扩大就业的有机结合。当前，荷兰、西班牙、法国等欧洲国家正通过卫星遥感等高技术手段开展对湿地、盐沼、海草床等的评估和修复行动。②澳大利亚高度重视国内蓝碳资源的保护。20世纪90年代，为修复和保护滨海湿地，澳大利亚政府陆续出台《政府间环境协议》《国家湿地政策》等，对三级政府在蓝碳资源管理中扮演的角色和应当承担的责任作出规定，为缓解联邦体系下环境的管理同责任相分离的困境作出尝试。2022—2023年，澳大利亚联邦政府计划投入1亿澳元用于海洋公园和蓝碳相关的项目投资。同时，澳大利亚还在研究制定以引入潮汐流项目改善沿海湿地生态环境、增加盐沼面积、扩充蓝碳储备的碳信用机制。此外，加紧构建蓝碳资源保护开发的相关制度体系，探索建立第一个国家海洋生态系统核算账户，用于统计、测量和展示海洋生态系统的状况和其在生物多样性、旅游观光、碳封存等方面的价值与意义。③日本引入企业、渔业合作社、环境保护协会等相关社会力量参与蓝色经济建设。例如，经日本国土交通省批准成立的日本蓝色经济协会推出"蓝色信贷"项目，目前该项目已经在横滨市、蜀南市、兵库县的港口和运河区启动实施。其中，商船三井公司购买的10.9吨蓝碳额度将用于抵消世界上第一艘电动油轮"Asahi"所排放的二氧化碳。④印度尼西亚在全球环境基金的支持下实施了为期四年的"蓝色森林项目"，建立了国家蓝碳中心，编制了《印度尼西亚海洋碳汇研究战略规划》。同时，印度尼西亚重点加强对红树林生态系统的修复和保护工作，在印度尼西亚泥炭地与红树林修复署领导下，计划修复$200 \times 10^4 \ hm^2$退化的泥炭地和红树林生态系统，为印度尼西亚将来在国际市场的碳汇交易和碳汇收入提供坚实基础。

二是引入市场机制的蓝碳交易[①]。在强制性的市场机制中，联合国气候变化框架公约下的REDD+机制和CDM机制、《京都议定书》《巴黎协定》等直接或间接为蓝碳碳汇项目提供了市场机遇。《京都议定书》提出了包括CDM和联合履行机制（Joint Implementation，JI）在内的基于项目的减排机制，以实现强制规定的温室气体减排量。在自愿碳市场机制中，碳减排量的认证标准VCS是目前全球使用最广泛的自愿性认证标准．在VCS认证的同时，项目还可申请CCB附加标准的认证，使对气候、社区和生物多样性有利的项目可实现更大的收益。当前，强制碳市场和自愿碳市场中都已开发了蓝碳碳汇项目或可用于蓝碳碳汇项目的方法学，但这些方法学仅限于特定区域或适用条件使用。在CDM下，《在湿地上开展的小规模造林和再造林项目活动》和《退化红树林生境的造林和再造林》两个方法学为红树林等湿地生态修复的碳汇项目开发提供了依据，并且也同样适用于JI和VCS项目开发。在VCS机制下，还开发了《REDD+方法框架》《潮汐湿地和海草恢复的方法学》和《滨海湿地构建的方法学》等涉及红树林等湿地的方法学，而泥炭地的方法学也具备适用于红树林和盐沼泥炭地碳汇项目开发的可能性。此外，喀麦隆"通过改进的烟房保护喀麦隆河口红树林"项目采用了《使用不可再生生物质供热的节能措施》方法学。

---

①　陈光程，王静，许方宏，等．滨海蓝碳碳汇项目开发现状及推动我国蓝碳碳汇项目开发的建议［J］．应用海洋学学报，2022，41（02）：177–184.

三是不断探索金融服务创新形式以促进保护修复蓝碳资源的项目投资[①]。主要包括绿色债券/蓝色债券/气候债券和绿色保险。①绿色债券/蓝色债券/气候债券：债券被认为是获得影响投融资的一种常见机制，其优势在于投资者无须面临较高的兑付风险，发行方能够在不改变自身内部结构的前提下获得较低成本的资金支持。其中，绿色债券一般指的是其收益用于为具有明显环境效益的项目融资或再融资的债券，蓝色债券用来专门支持那些有助于蓝色经济的可持续活动，气候债券则专门侧重于气候缓解和/或适应投资。例如，塞舌尔共和国于2018年10月推出了10年1500万美元的"塞舌尔蓝色债券"；北欧投资银行（NIB）发行了5年20亿瑞典克朗（2亿美元）的蓝色债券，以保护和修复波罗的海。②绿色保险是市场机制下进行环境风险管理的基本手段，能够在支持环境改善、应对气候变化和资源节约高效利用方面提供保险风险管理服务及保险资金支持。基于蓝碳项目风险管理开发的绿色/蓝色保险项目也可以成为海洋生态系统保护和恢复工作的良好资金来源。太平洋共同体和联合国太平洋地区普惠金融方案目前正在研究为太平洋岛国设立渔业保险方案的可能性；加拿大、安盛集团（AXAXL）和海洋联合组织（OceanUnite）共同开发了海洋风险与复原力行动联盟（ORRAA）。尽管绿色保险具有长足的发展潜力，但在我国尚处于起步阶段，巨灾指数保险、船舶污染责任保险、海水养殖气象保险、碳保险等产品的开发和运营为更多基于海洋生态保护和修复领域的产品创新提供了良好丰富的实践经验，未来需要汇集公共部门、私营部门和社会组织，整合来自海洋界、气候界、保险业和更广泛金融界的经验和专业知识，制定有关蓝碳发展的风险管理战略和政策支持体系，引导和激励更多规范的绿色/蓝色保险产品创新。

## 7.2　国内蓝碳碳汇交易案例——湛江

### 7.2.1　项目背景

20世纪八九十年代，受围海造田、围塘养殖、采薪等活动影响，湛江红树林群落破碎化，面积急剧下降。据统计，1985年雷州半岛红树林面积由新中国成立之初的14 000 hm²减少到5800 hm²[②]。随着红树林湿地的重要性逐渐被人们所认识，湛江历届党委政府也高度重视红树林保护管理工作。为抢救性保护红树林资源，1990年1月建立了湛江红树林省级自然保护区，保护面积2000 hm²，但仅限保护廉江市高桥、车板两镇的红树林资源。1997年12月，国务院以国函〔1997〕109号文批准，建立了我国大陆沿海面积最大的红树林自然保护区——广东湛江红树林国家级自然保护区，范围扩大涉及四县（市）四区[③]，沿雷州半岛1556千米海岸线呈分散多片（块）状分布，保护对象为红树林湿地生态系统及其生物多样性、典型的海岸自然景观等。

---

① 杨越，陈玲，薛澜. 中国蓝碳市场建设的顶层设计与策略选择 [J]. 中国人口·资源与环境，2021，31（09）：92–103.

② 湛江市人民政府 https://www.zhanjiang.gov.cn/yaowen/content/post_1532363.html.

③ 徐闻县、雷州市、遂溪县、廉江市、麻章区、坡头区、开发区和霞山区.

自 2017 年开始，以中央生态环境保护督察整改为契机，湛江迅速打响红树林生态修复战役。通过采取强力有效措施保护和修复红树林，在全世界红树林面积以每年约 1% 的速度递减的背景下，湛江红树林面积却逐年逆势增长，成为世界湿地恢复的成功范例。目前，保护区总面积达到 20 278.8 hm²，其中红树林面积 7200 hm²，红树林面积占全国的 33%、广东省的 79%，是我国红树林面积最大、种类较多的自然保护区 [①]。

红树林生态修复工程是一项长期工程，在红树林生态修复过程中，要找到经济利益增长点，处理好生态环境与经济发展的平衡。在做好红树林保护的前提下，释放红树林的生态价值、经济价值、社会价值，探寻红树林保护新路子。2019 年，广东湛江红树林国家级自然保护区管理局与自然资源部第三海洋研究所（以下简称"海洋三所"）合作启动红树林碳汇项目开发工作。即湛江红树林保护区管理局为碳减排量所有者，授权海洋三所全权进行碳汇项目的开发，海洋三所在项目开发过程中负责项目设计和碳汇量调查等工作。

## 7.2.2 实施内容

2020 年 3 月，广东湛江红树林国家级自然保护区开发"湛江红树林造林项目"，采用 CDM 方法学《退化红树林栖息地的造林和再造林》进行减排量（碳汇量）的计算，根据种植面积、物种、生物量和土壤碳汇量来估算，将 2015—2020 年期间湛江红树林保护区管理局在保护区范围内依托麻章岭头岛退塘造林、湿地恢复工程等项目种植的 380 hm² 红树林产生的碳汇，按照核证碳标准（VCS）[②] 和气候社区生物多样性标准（CCB）[③] 标准进行开发，预计在 2015—2055 年间产生 16 万吨二氧化碳减排量，年均减碳 4000 吨。

2021 年 4 月，"广东湛江红树林造林项目"通过核证碳标准开发和管理组织 Verra 的评审，成为全球首个同时符合核证碳标准（VCS）和气候社区生物多样性标准（CCB）的红树林碳汇项目，是我国开发的首个蓝碳交易项目。

2021 年 6 月，北京市企业家环保基金会（以下简称"基金会"）与湛江红树林自然保护区管理局、海洋三所共同签署了"湛江红树林造林项目"碳减排量转让协议，按 66 元/吨价格购买该项目签发的首笔自 2015—2020 年间产生的 5880 吨二氧化碳减排量，用于抵消基金会日常工作和开展活动产生的碳排放，而该项目收益将用于维护红树林生态修复；同时，基金会利用社会资金平台，为湛江红树林保护区筹资 780 余万元，用于红树林保护、修复以及社区共建等工作，提升红树林应对气候变化的能力。

## 7.2.3 试点成效

"湛江红树林造林项目"是推进蓝碳交易工作的一次成功探索，该项目通过发挥市场

---

① 湛江市人民政府 https：//www.zhanjiang.gov.cn/yaowen/content/post_1532363.html.
② VCS 是全球最广泛的自愿性减排量认证标准，而 Verra 是管理 VCS 项目开发的非营利性国际环保组织。
③ CCB 是对项目减缓、适应气候变化，促进社区可持续发展和生物多样性保护多重效益的认证标准，属于一项附加标准。达到 CCB 标准，意味着在碳交易时会具有更高的市场价值。

交易机制作用，实现了红树林资源的生态、社会和经济共赢的目标，为其他地区提高红树林生态系统质量和稳定性，推动红树林生态系统保护修复和价值实现起到了示范作用，在吸引社会资本参与红树林保护方面走了一条特色之路。主要成效主要体现在：

一是推动红树林蓝碳生态系统的保护与修复。交易所得将全部用于维持项目区红树林的生态修复效果，发挥它们应对气候变化方面的作用，为蓝碳产品生态价值实现做出了积极而有效的尝试并提供范本。

二是加强了生物多样性的保护，强调濒危物种的地位。本项目通过恢复退化的红树林生态系统和增加森林覆盖率来加强生物多样性的保存，使国际极危或濒危物种威胁减少，保护了项目区内濒危鸟类，如世界自然保护联盟（International Union for Conservation of Nature，IUCN）红色名录中的勺嘴鹬，可作为项目收益的依据。

三是项目收益可反哺红树林后期管护并服务于社区公共建设。湛江红树林国家级自然保护区管理局副局长张苇表示，管理局不仅利用社会资金开展红树林生态修复，为蓝碳项目开发提供了有利条件，还将用于周边村庄修建道路、图书馆等基础设施建设，改善社区生活生产条件。同时，项目为当地居民提供工作机会并增加收入，改变了周边农村居民的传统生活方式，减缓其传统生活方式与红树林生态系统保护间的矛盾。此外，通过红树林生态系统保护与修复，滨海生活环境得以改善，当地居民的幸福感与获得感得以提升。

## 7.3 南沙碳汇认购生态修复民事公益诉讼案

### 7.3.1 项目背景

2021年12月，案件当事人黎某某在广州南沙区万顷沙禁猎区内，使用电子诱捕器和粘网等《中华人民共和国野生动物保护法》明确禁止使用的猎捕工具捕获《国家重点保护野生动物名录》《有重要生态、科学、社会价值的陆生野生动物名录》中列明的黄爪隼、白骨顶、灰背鸫等野生鸟类15只。经鉴定，黄爪隼为国家二级保护动物，白骨顶、灰背鸫等为国家有重要生态、科学、社会价值的野生保护动物。黎某某非法猎捕行为致使被狩猎的种群数量减少，对生态系统造成不可逆之损害。对此，南沙区人民检察院审查认定案件的具体案值和做出认定清单，要求当事人在广东省碳交易平台购买不少于案值的生态系统碳汇等生态产品、并进行注销。

广州市规划和自然资源局主动对接整合各方资源，组织技术支撑单位广州市交通规划研究院有限公司，结合市场行情核算，提出建议购买碳汇产品数量，推动"清单"落地。广州碳排放权交易中心有限公司（以下简称"广碳所"）对当事人的开户申请资料进行审核，审核通过后为其开立广东省碳交易平台登记账户和交易账户，引导当事人开户后通过交易系统购买不少于案值的碳汇产品共计100吨，并将对应数量的碳汇产品从交易系统转入登记系统予以注销。当事人按照南沙区人民检察院的要求提交由广碳所出具的生态产品购买交易凭证和注销证明文件，南沙区人民检察院通过审核后予以结案。

## 7.3.2 实施内容

创新以保护"碳库"为目标的自然资源司法政策体系。广州南沙以自然资源领域生态产品价值实现机制国家试点为依托，结合最高人民法院发布的《最高人民法院关于审理森林资源民事纠纷案件适用法律若干问题的解释》第二十条规定"当事人请求以认购经核证的林业碳汇方式替代履行森林生态环境损害赔偿责任的，人民法院可以综合考虑各方当事人意见、不同责任方式的合理性等因素，依法予以准许"的司法解释最新精神，将生态修复民事公益诉讼和自然资源领域生态产品价值实现机制试点工作有效结合，优化创新野生动物司法保护方式，为当事人提供了一种以购买生态系统碳汇产品为媒介的便捷高效替代性修复方式，推动全省首宗碳汇认购生态修复民事公益诉讼在南沙落地生效。

打造"四个一"全流程闭环管理流程。"一张清单"：南沙区人民检察院审查认定案件的具体案值和作出认定清单。"一个账户"：广碳所为当事人开立广东省碳交易平台登记账户和交易账户，基于该用户购买碳汇产品的诉讼用途，将该用户区别于碳市场中的普通个人投资者用户，限制当事人使用再次交易功能，仅开放其购买和注销的权限，有效防范当事人因不法行为获利，引导其完成开户相关流程。"一个平台"：当事人通过试点平台购买不少于案值的广东省碳普惠制减排量（PHCER）共计100吨，并将购买的碳汇产品予以注销。"一本证明"：当事人提交生态碳汇产品购买交易凭证和注销证明文件，南沙区人民检察院通过审核后，予以结案。通过一张清单、一个账户、一个平台、一本证明，从认定、购买、注销碳汇全流程管控，督促引导违法行为人履行法律责任，让生态修复工作落在实处。

创新开展"碳汇+检察"的生态司法保护模式。秉持"双赢多赢共赢"理念，充分考量违法行为人行为能力、侵权行为方式和影响，南沙区检察院通过与广州市规划和自然资源局及相关单位的多次协调、沟通，创新性地开展"检察+碳汇"的生态执法模式，发挥自然资源"碳库"作用，优化创新野生动物司法保护方式，通过探索形成"一张清单—一个账户—一个平台—一本证明"的购买并注销生态碳汇产品闭环操作方式，为未来自然资源资产司法保护指明了新方向、提供了新思路。

## 7.3.3 试点成效

南沙区检察院通过与广州市规划和自然资源局及相关单位创新"检察+碳汇"模式成功办理一宗碳汇认购生态修复民事公益诉讼案，推动当事人以购买生态系统碳汇的方式，修复被损害资源，成效明显，主要体现在如下3个方面。

一是拓展了碳汇产品价值实现新途径。通过"碳汇+检察"生态修复民事公益诉讼购买相应案值的生态系统碳汇，开辟了一条和强制性碳市场无直接关联的新渠道、拓展碳汇产品消纳新途径，扩大碳汇应用场景，激活碳汇交易市场，提升碳汇价值，助力碳达峰碳中和。案例做法已被收编于自然资源部"2022年自然资源工作系列述评之绿色转型篇"并予以肯定。

二是创新了实施自然资源多元修复的赔偿方式。推动当事人以购买生态系统碳汇产品的模式代替以往常用的罚金处罚，为违法行为人提供多元、便利、有效的修复方式，在更好接受教育、弥补生态损害的同时，亦为生态治理筹措资金，有效推动了自然资源领域生态产品价值的实现。同时，为野生动物保护、自然资源保护、生态产品价值实现等方面开展多元化普法学习和实践教育提供了示范，破除以往"一罚了之"的现象，树立了"保护者获益、损害者担责"的鲜明导向，有效激励生态保护行为。

三是"碳汇+"赋能生态资源优势地市实现了绿色发展。广州积极发挥南沙示范带动作用，推动当事人通过购买韶关市仁化县林业碳汇碳普惠项目的碳汇产品，履行自然资源生态修复责任，以碳汇交易为介质实质性支持生态资源优势地区在有效保护前提下转为生态产品，以市场化机制拓展生态产品价值实现新路径，为生态治理筹措了资金，改善项目所在地生态环境、激励当地森林保护工作。

## 7.4 蓝碳碳汇交易体系经验借鉴

### 7.4.1 国际经验

国际碳行动伙伴组织（ICAP）总结了构建碳排放交易体系的 10 个步骤，10 个步骤主要分为 4 个阶段：准备和参与、创建市场、运行市场以及合作和扩大，这些步骤之间相互依存，每一步所作的选择都将对其他步骤的决策产生重要影响（图 7-4）。

（1）准备阶段 设计碳排放交易体系前，需了解什么是碳定价，以及它能发挥的作用和局限性。因此政策制定者首先要确定在本地区内实施碳排放交易体系的目标，并须排列优先级：包括碳排放交易体系该对所在地区低碳经济转型和可持续发展贡献多少、期望实现的减排水平和所愿意付出的成本、协同效益的重要性，以及是否需要通过碳排放交易体系增加财政收入。

（2）利益相关方参与、沟通和能力建设 碳排放交易体系政策制定者与其他政府部门以及外部利益相关方的沟通方式，尤其是其公开透明的程度，将决定碳排放交易体系发展的长远活力。各方的参与应贯穿于碳排放交易体系的规划、设计、启动和运行的全流程。

（3）确定覆盖范围 碳排放交易体系的覆盖范围指清缴配额所涉及的地理区域、行业、排放源和温室气体种类，以及需要清缴配额的实体。

（4）设定排放总量 排放总量应与司法管辖区的总体减排目标保持一致，如国家自主贡献目标（NDC）。在设定排放总量时，政策制定者需要权衡减排目标和运行碳排放交易体系的成本，确保排放总量与总体减排目标保持一致，并明确碳排放交易体系覆盖和未覆盖行业的减排义务。

（5）分配排放配额 排放总量决定了碳排放交易体系对控排和减排的整体作用，但分配配额是碳排放交易体系分配效应的重要决定因素。政府可以通过免费分配、拍卖，或两者相结合的方式发放配额。

（6）促进一个良好运行的市场 运行良好的碳市场能够根据外部时间和信息变化有预

见性地调整价格水平，对于碳排放交易体系按照预期运行至关重要，因此政策制定者应确保市场的深度和流动性和制定透明的规则，促使价格维持在正常水平。

（7）确保履约与监管 碳排放交易体系需要参与主体严格履行自身义务以及政府对整个体系的有效监管。缺乏履约和监管保障不仅会影响碳排放交易体系的减排成果，也影响市场基本功能的实现，并给所有参与主体带来巨大的经济风险。

（8）考虑使用抵销 碳排放交易体系可以允许受管控实体使用减排指标（来自未覆盖行业的减排或排放清除项目所产生的指标）抵销其履约义务。这样，即使受管控实体的排放量可能会更高，但却不会损害整体的减排结果。增加的排放量被来自别处的减排平衡或抵销了，这为受管控实体提供了新的低成本履约指标来源，并可以显著降低碳排放交易体系的履约成本。

（9）考虑连接 连接需要碳排放交易体系间"相互信任"，并在设计要素上具备一定程度的兼容性。结构性设计要素，即体系的自愿或强制属性以及排放总量设定的方式，必须相一致。

（10）实施、评估与改进 碳排放交易体系的设计是一个随着环境的发展和经验的增加，而不断自我完善的过程。因此，政策制定者应制定相应的政策和制度体制，推动碳排放交易体系以具有可预测性和建设性的方式不断变革。

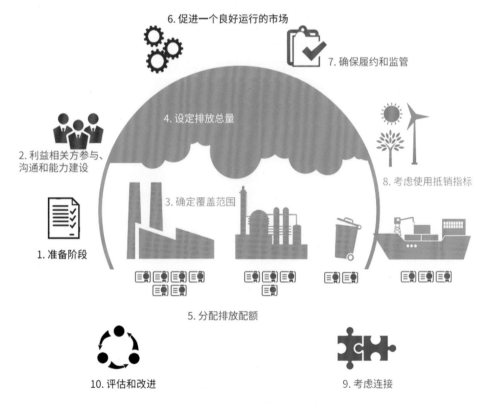

图7-4 碳排放交易体系设计步骤

ICAP.碳排放权交易实践手册设计与实施（第二版）［R］.华盛顿：世界银行，2022：3.

### 7.4.2 广东省构建蓝碳碳汇交易体系建议

"广东湛江红树林造林项目"作为我国开发的首个蓝碳碳汇交易项目，为后续蓝碳碳汇项目的开展提供了范本，但相对于林业碳汇市场而言，蓝碳碳汇市场建设仍处于探索阶段，需要从以下方面加快广东省蓝碳碳汇交易体系的构建。

一是建立健全蓝碳市场化制度体系。一方面广东省要完善蓝碳市场交易制度，研究制定蓝碳碳汇的核算与核证标准、科学合理的蓝碳交易总量控制与初始分配方案，制订交易规则并建立交易信息管理制度，及时、准确地公布蓝碳交易市场信息，做好信息披露工作，保障蓝碳交易安全、有序进行。另一方面广东省要健全蓝碳市场监管机制，对蓝碳项目的开发、市场准入、公平议价、实物交接等过程实行全方位的监管，同时对违法违规行为予以处罚，保证蓝碳交易公平。

二是丰富蓝碳交易项目。目前蓝碳碳汇项目多集中在红树林碳汇交易上，对于海草床和盐沼等海洋生态系统以及渔业的碳汇能力开发不足，未能充分挖掘海洋碳汇潜力。广东省应当大力推进蓝碳增汇工程，建设可持续性海洋牧场等重要海岸带生态系统，积极开发各类蓝碳碳汇项目，探索培育蓝色碳汇产业。鼓励较为成熟的蓝碳项目开发形成碳普惠方法学，引导和激励社会公众积极践行低碳发展理念，并创建面向多类需求对象的多元化碳汇交易体系。

三是拓展蓝碳金融创新渠道。广东省作为海洋大省，域内蓝碳资源丰富、蓝碳市场发展潜力大，有效的金融创新手段可以为蓝碳市场注入新活力。可依托广州碳排放权交易所的"广碳绿金"绿色金融综合服务平台和深圳排放权交易所的"绿色金融服务实体经济实验室"项目，持续探索和开发与蓝碳金融相关的信贷、债券、基金、融资租赁等碳金融产品，开展蓝碳资产抵押融资、配额回购、配额托管等创新型碳金融业务，为蓝碳交易主体提供丰富的碳资产管理途径，推动蓝碳金融市场发展。

四是先行先试试点蓝碳交易中心。全球首个"国际红树林中心"已落户深圳，工作重点将围绕保护、修复、合理利用红树林和海岸带蓝碳生态系统展开。广东省应抓住这一契机，积极推动蓝碳市场，特别是红树林碳汇市场的发展，支持在深圳、珠海和湛江等蓝碳资源丰富的地区先行先试开展蓝碳交易试点和示范应用，总结交易经验并形成统一标准的交易模式，推广可复制的标准化交易制度，并及时形成相关示范项目案例库，为国家蓝碳交易中心建设提供先行探索经验[①]。

---

① 李政，严欣恬，李杨帆，等.构建粤港澳大湾区特色蓝碳交易市场探析［J］.特区实践与理论，2022，（05）：56–60.

# 8 海岸带增汇助力碳中和目标实现路径

广东省蓝碳发展自然条件优越，是少数红树林、盐沼和海草床三大蓝碳生态系统均有分布的省份之一。但由于近年来人口和经济不断向沿海地区聚集，不断地向海洋与海岸带索取空间和资源，包括填海造地、水产养殖、工业生产和滨海旅游等人类活动对蓝碳造成严重乃至极端严重的不可逆影响。广东省作为海洋经济大省，应主动承担率先实现"碳达峰碳中和"的先行示范，充分发挥海岸带蓝碳本底资源禀赋优越、技术支撑能力雄厚、科技创新能力突出、碳汇市场活力强劲、国际合作优势明显[1]的发展优势，多措并举盘活广东"蓝色碳库"，助力率先实现"碳中和"目标。

## 8.1 严格海洋生态资源管控，牢筑本底碳汇

（1）建立完善自然保护地体系制度，发挥蓝碳保护"堡垒"作用

海洋自然保护地是生态文明建设和提供高质量生态产品的核心载体，在维护国家海洋生态安全中居于重要地位。经过多年的努力，广东省建立了数量众多、类型丰富、功能多样的各类自然保护地（如南沙湿地，如图 8–1 所示），初步形成了一个保护类型齐全、布局日趋合理、生态效益和社会效益日益凸显的自然保护地体系，是全国唯一一个自然保护区建设示范省。广东省现有各类自然保护地 1361 处，数量居全国第一[2]。

但目前的自然保护地体系对于海岸带蓝碳生态系统的保护仍有较大的提升空间，以红树林为例，纳入自然保护地的面积仅占广东省现状红树林的约 67%[3]，仍有部分集中连片、生态价值较高的区域未纳入。未来应以蓝碳增汇为目标，推动建立健全以海洋类国家公园为主体的自然保护地体系，加强碳汇功能和价值评估，将碳汇功能纳入保护地规划布局考虑因素，充分发挥自然保护地最直接、有效保护蓝碳资源的显著优势，牢固保护海岸带蓝碳生态系统固碳能力和潜力。

---

① 刘强，张洒洒，杨伦庆，等.广东发展蓝色碳汇的对策研究［J］.海洋开发与管理，2021，38（12）：74–79。

② 加快构建自然保护地体系扎实推进广东生态文明建设，2022–10–11，http://lyj.gd.gov.cn/gkmlpt/content/4/4027/post_4027185.html#2441.

③ 让红树林成为南粤大地新名片，广东省林业局，2022 年 8 月 29 日，http://lyj.gd.gov.cn/gkmlpt/content/4/4002/post_4002946.html#2441.

图 8-1　南沙湿地

图源：广东省林业局 . http://lyj.gd.gov.cn/gkmlpt/content/4/4040/post_4040916.html#2441

（2）严格落实生态保护红线监管制度，守护海洋蓝碳生态安全底线

作为国土空间"三条控制线"之一，我国的"生态保护红线"正成为科学保护自然的首开先河之举，有效保障、守护着自然生态安全边界。在生态保护红线划定中，广东按照应划尽划、应保尽保要求，依据国土"三调"等基础性调查及国土空间"双评价"等评估结果，将沿海地市的现有红树林全部划入生态保护红线，实行严格保护。广东省海洋生态保护红线如图 8-2 所示。

图 8-2　广东省海洋生态保护红线（绿色区域）

图源：广东省"三线一单"应用平台 . https://www-app.gdeei.cn/l3a1/public/home-page/

下一步，仍需建立健全以海洋生态保护红线区为基础的生态保护红线监管制度，出台严格的监管办法和监管指标体系，加强生态保护红线实施监管，定期开展专项监督检查，及时开展生态保护红线监测预警，严守海岸带蓝碳生态系统服务功能和固碳功能底线。

## 8.2　强化国土空间生态修复与应用示范，推动有序增汇

（1）稳步推进蓝碳工程项目实施，促进海岸带增汇稳定恢复

海岸带保护修复工程的实施是提升海洋生态功能、贯彻落实科学发展观、推进海洋生态文明建设的重要抓手。近年来，广东省实施了一批重大生态保护修复工程，大力推动蓝碳生态系统修复项目实施。以红树林为例，2019—2023 年，广东省大力开展宜林荒滩造林和退化红树林修复，累计开展红树林造林和修复 7.3 万亩（4867 公顷）；其中，2023 年完成红树林营造约 1300 公顷，修复现有红树林约 2100 公顷，新增国际重要湿地 2 处、国家重要湿地 1 处、省级重要湿地 9 处，建成小微湿地建设示范点 15 处（图 8-3）。[①]

图 8-3　"十四五"期间，广东省将完成营造修复红树林 12 万亩（8000 公顷）

图源：南方网

"十四五"期间，广东省仍需积极争取中央和省财政支持，以《红树林保护修复专项行动计划（2020—2025 年）》《广东省海洋生态环境保护"十四五"规划》落地实施为目标，大力推进蓝色海湾综合整治等海洋生态修复项目建设，开展"退塘还林""退养还滩""退养还湿"典型蓝碳生境修复重建、海岸带生态廊道连通等工程，逐步恢复蓝碳生态系统固碳、储碳的生态价值和服务功能。

---

① 广东今年计划营造红树林 2600 公顷，积极建设万亩级红树林示范区，广州日报，2024 年 4 月。

（2）积极探索海洋生物增汇试点示范，提升人工蓝碳增汇潜力

海洋渔业碳汇是最具扩增潜质的碳汇活动，是蓝碳的重要组成部分，是"可移出的碳汇"和"可产业化的蓝碳"。广东省是海水养殖大省，也是较早开展碳汇渔业产业和技术研究的地区（图8-4）。2009年，广东省通过海水贝藻养殖移出的碳约为11万吨，相当于减排39.6万吨二氧化碳，根据工业化国家减排二氧化碳的开支预计数计算，其经济价值为0.594亿～2.38亿美元，养殖海域碳汇效果明显[1]。

图 8-4　广东南澳彩色生态浮球养殖场

图源：广东南澳彩色生态浮球养殖替换"白色污染". https://baijiahao.baidu.com/s?id=1671202533046220532&wfr=spider&for=pc

未来，广东省仍需建设可持续性海洋牧场等重要海岸带生态系统，拓展"蓝碳牧业"立体化海水养殖，推动"蓝色粮仓"行动计划，维护、修复和新建海藻场、牡蛎礁等典型生态系统，发挥浮游植物、藻类和贝类等生物的固碳功能，试点研究生态渔业的固碳机制和增汇模式，开展海水贝藻类养殖区碳中和示范应用，提升海岸带人工蓝碳的增汇潜力。

## 8.3　推动海洋产业绿色低碳转型，实现健康增汇

（1）加快建立蓝色碳汇新型经济体系，提升蓝碳资源利用效率

广东省海洋经济实力雄厚，海洋经济总量连续29年居全国首位[2]。近年来，广东省促进海洋资源的科学规划、合理开发，不断推动海洋经济稳步发展，基本形成了海洋产业门类

---

[1]　齐占会，王珺，黄洪辉，等. 广东省海水养殖贝藻类碳汇潜力评估［J］. 南方水产科学，2012，008（001）：30–35.
[2]　《广东海洋经济发展报告（2024）》，广东省自然资源厅广东省发展和改革委员会。2024年6月.

完整、经济辐射能力较强的开放型海洋经济体系[1]。但仍存在着产业结构不尽合理、资源环境矛盾突出的问题[2]，需重视产业结构优化升级和产业集群发展，增强蓝色碳汇功能、净化海洋养殖环境和提高海洋固碳效率，实现海洋空间资源的立体化开发和海洋经济的可持续发展。

今后的海洋经济发展中，广东省应积极探索绿色生产、智能服务、低碳回收等循环经济新模式，提高海洋经济绿色全要素生产率，培育一批成长性好、创新性强和发展潜力大的蓝色碳汇示范企业，重点发展海上风电（图 8-5）、浮式太阳能、生物质能、潮汐能等清洁能源产业，优化海洋产业的能源供给结构，大力发展滨海生态旅游业等产业，推动海洋生态服务业的发展，建立并规范蓝色碳汇补偿专项基金，利用生态与环保建设资金等途经设立蓝色碳汇补偿基金，加大金融政策向蓝色碳汇产业倾斜的力度[3]。把蓝碳作为支持沿海可持续发展的重要途径，带动海洋生态修复、生态旅游、生态养殖、蓝碳技术服务和蓝碳交易等海洋经济新业态发展。

图 8-5　阳江海上风电实景

（2）逐步压实国土空间用途管制责任，保障蓝碳经济高质量发展

《中共中央关于进一步全面深化改革、推进中国式现代化的决定》提出："建立健全覆盖全域全类型、统一衔接的国土空间用途管制和规划许可制度"，统一实施国土空间用途管制正成为提升国土空间治理能力、促进国土空间高质量发展、建设美丽中国的重要手段和举措。

① 建设海洋强省，广东加速蓝色崛起. 广东省自然资源厅. http://nr.gd.gov.cn/gkmlpt/content/3/3275/post_3275586.html#664。
② 田甜，陈峥嵘. 广东省海洋产业布局的现状、问题及对策［J］. 经济视角：下，2013（5）：3。
③ 刘强，张洒洒，杨伦庆，等. 广东发展蓝色碳汇的对策研究［J］. 海洋开发与管理，2021，38（12）：6。

广东省要高效保障自然资源尤其是蓝碳资源开发利用，应倡导节约集约，应当符合相关保护规划，不得改变和破坏其生态系统功能，不得超出承载能力或者给生态系统碳汇服务功能造成破坏性损害。同时，有序开展海岸带蓝碳资源确权登记，将蓝碳纳入全民所有自然资源资产负债表和生态文明建设评价指标，定期组织监督检查和评价考核，提高蓝碳资源利用的质量和效益。

## 8.4 构建蓝碳标准体系及交易机制，促进高效增汇

（1）不断完善蓝碳基础标准体系，科学指导蓝碳资源保护和利用

海岸带蓝碳目前还停留在各生境的定性认识和初步研究方面，定量分析、系统研究和核算评估所需的标准化调查、监测方法仍不成熟。

广东省应积极推动蓝碳基础理论、评估技术、增汇方法、政策研究，建立蓝碳研究广东省重点实验室，设立蓝碳重大专项；借鉴吸收国际已有的方法标准体系，在对红树林、海草床、滨海盐沼等典型生态系统调查监测的基础上，完善蓝碳调查、监测、评估和核算标准及方法体系，争取推动形成国家、国际标准；定期开展蓝碳普查、专项调查、跟踪监测等基础性调查监测活动，利用野外观测站开展长期跟踪监测活动，建立蓝碳数据库，为蓝碳价值评估和核算交易提供服务。

图 8-6　南海局开展粤东海岸带蓝碳生态系统调查

图源：新南海 . 2022-05-24

（2）探索建立蓝碳交易机制，促进生态资源市场价值实现

"绿水青山就是金山银山"理念不仅是习近平生态文明思想的核心，也是全球可持

续发展和生态文明建设的重要途径。广东省在蓝碳交易方面已走在全国前列，2021 年对湛江红树林国家级自然保护区 2015—2020 年间新种植的 380 公顷红树林按照核证碳标准（VCS）和气候社区生物多样性标准（CCB）进行开发，并于 2021 年通过市场交易机制完成蓝碳碳汇交易，成为我国首个符合 VCS 和 CCB 的红树林碳汇项目，也是为我国开发的首个蓝碳交易项目。2022 年 4 月，广东省生态环境厅重新修订印发了《广东省碳普惠交易管理办法》，将原办法中试点地区运行推广至全省，扩展碳普惠覆盖城市及涉及领域，并将农林业、海洋碳汇列为拟重点支持项目。

未来，可参照国内外碳交易市场实践经验，特别是在吸收借鉴森林碳汇项目交易市场在顶层设计、政策法规体系建设、技术支撑体系以及市场运行管理等方面经验的基础上，继续制定和出台高层次的蓝碳交易法律制度和交易规则，逐步探索和完善蓝碳市场建设和配套法律制度建设。同时，加强与金融机构合作，创新开发适合蓝碳特点的交易产品、交易模式，发展基于蓝碳增汇和绿色低碳的海洋经济金融工具和产品，如碳融资、碳证券、碳保险等，加强风险管控，通过降低交易风险，优化金融服务，提高碳交易的流动性和活跃度，形成"蓝碳＋金融"模式，充分发挥资本要素与"蓝碳"资源要素对接作用助推海洋经济高质量增长。